知られざるサメの世界

オタリアを模した疑似餌に
襲いかかるホホジロザメ
©シーピックス ジャパン

アカシュモクザメの群れ
©シーピックス ジャパン

歩くサメ、エポーレットシャーク
©シーピックス ジャパン

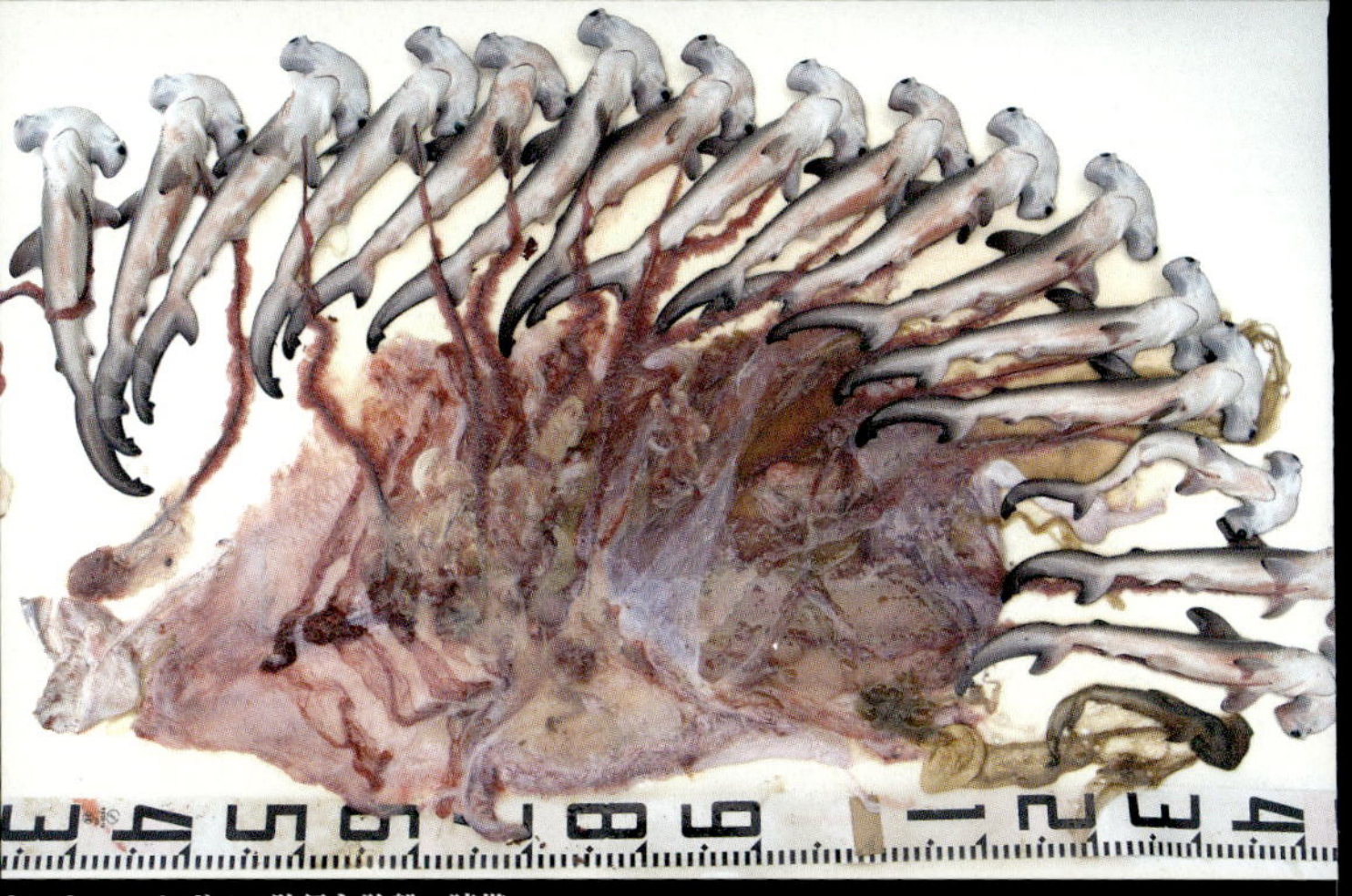

シロシュモクザメの胎仔と胎盤・臍帯

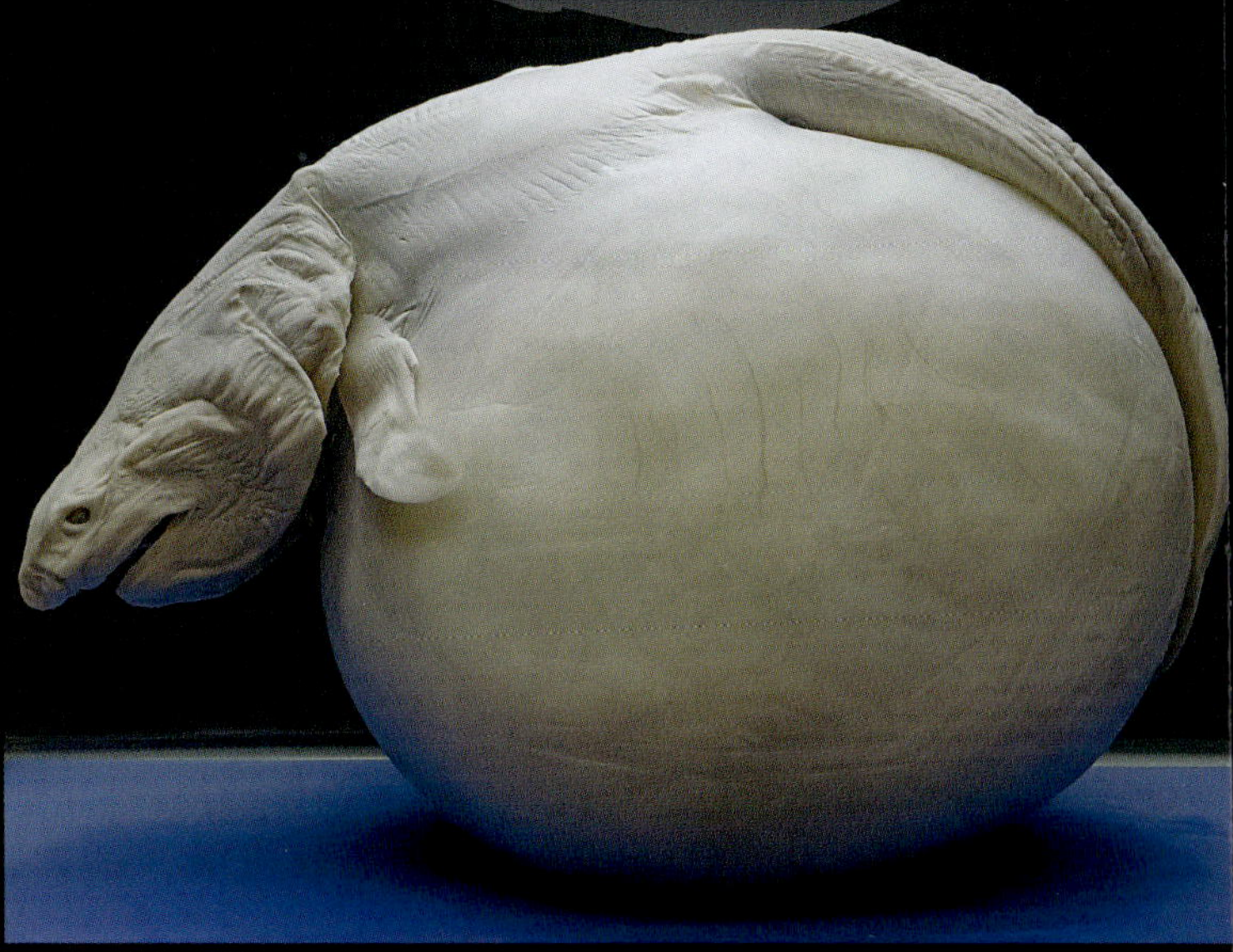

ホホジロザメの胎仔

サメの蛍光　Gruber et al. (2016)

世界初！　サメの人工子宮装置

カイメンの水管内に棲むサンゴトラザメ属の一種　©CSIRO

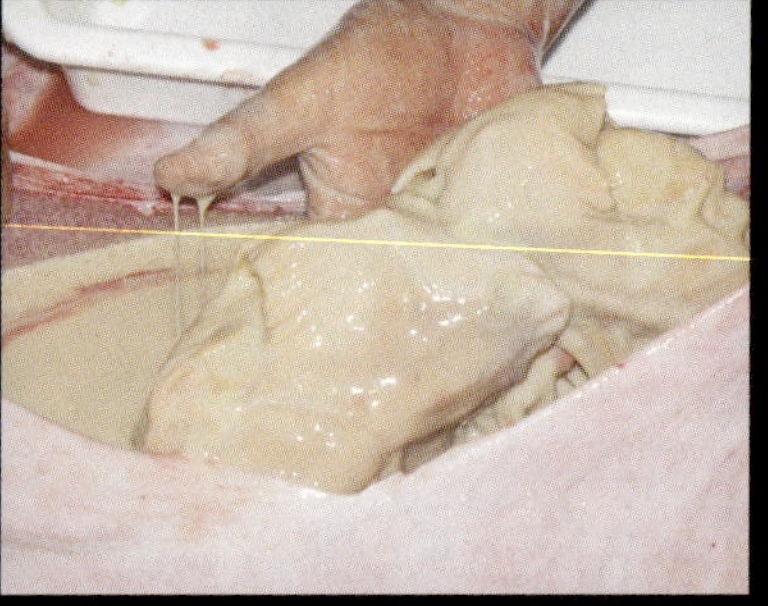

ホホジロザメの子宮ミルクと胎仔

知られざるサメの世界

海の覇者、その生態と進化

冨田武照　著
佐藤圭一　著

装幀／五十嵐 徹（芦澤泰偉事務所）
本文・目次デザイン／天野広和（ダイアートプランニング）
カバー・本文イラスト・図版／橋爪義弘
系統図作成・画像調整／柳澤秀紀

はじめに

「サメは他の魚と何がちがうのですか？」
テレビ番組の収録を数日後に控えた、制作スタッフの方々との打ち合わせの一幕だ。
「そうですねぇ。うーん。いや、素晴らしいご質問ですね。うーん。」

あからさまに時間稼ぎをしながら、答えを探す。軟骨の骨格をもつことか？　いや、そのような動物はサメ以外にもたくさんいる。一生抜けかわる鋭い歯をもっていることか？　いや、そんな動物だってたくさんいる。海の頂点捕食者か？　いや、そんなサメは全体のごく一部だ。――思わず天井を仰ぎ見た私を見て、そこにいた皆が思ったはずだ。この対応力のなさそうな男を、これから予定しているスタジオ収録に出して大丈夫だろうか？　専門家という肩書きは、時にとても残酷だ。

こんなふがいない私を、力強く励ましてくれる論文がある。２００6年に出版されたものだ。タイトルは以下の疑問文から始まる。「What is an 'elasmobranch'?　（サメ・エイ類とはなにか？）」。著者は、サメの進化研究の第一人者ジョン・メイシー博士だ。彼は40年以上にわたる研究の結果、一つの結論にたどりついた。それは、一般に「サメ」といわれている生き物を定義する形態的特徴が見当たらない——乱暴な言い方をすれば、「サメが何たるかわからない」ということなのだ。サメ研究の歴史は、少なくともアリストテレスの活躍した古代ギリシアまで遡るが、研究者はいまだにサメとは何かということすら答えられないのだ。

そんな研究者の事情などおかまいなく、今日もサメは街の人気者だ。私たちのいる沖縄美ら海水族館には、年間300万人を超えるお客さんが訪れる。お目当ての一つは、全長8・8メートルの巨大なジンベエザメだ。雑貨店ではサメグッズが売られ、本屋にはサメの書籍が並ぶ。1975年のハリウッド映画『ジョーズ』の世界的ヒットを皮切りに、100本以上のサメの出演する映画が制作されてきた。こんな動物は、サメ以外にちょっと思いつかない。

学生だった私がサメの研究を始めて、はや15年以上が経った。継続の甲斐あってか、サメの専門家として人前に呼ばれる機会が増えてきた。こんな私でも社会の役に立てるなら本望だ。しかし、したり顔でサメについて解説をしたあと、いつもえもいわれぬ罪悪感に苛(さいな)まれる。科学の世界は、真か偽かという単純なものではない。むしろ、すべてが真とも偽ともつかない曖昧な世界だ。そんな世界を単純明快に語るということは、多くのややこしく、そして都合の悪い問題に口を閉ざしているということだ。これを不誠実だといわれれば、まったくその通りだ。

今回、講談社の森定泉さんより本書執筆のお誘いがあったとき、これは絶好の機会だと思った。

世の中には、単純明快さを売りにしたサメの解説本がたくさんある。文字は少ないほどよい。ロジックは単純であるほどよい。そのような本とはちがうものにしたいと思っている。幸い私の手元には（途方もなく大量の）自由に使ってよい白い原稿用紙がある。これまでわかりやすさのために犠牲になってきた未解決問題に、積極的にスポットライトを当てた本にしよう。これは本来語るべき多くのややこしい問題に口を閉ざしてきた、私自身への贖罪（しょくざい）だ。

本書は、職場の最高の上司であり、私の学生時代からの共同研究者である佐藤圭一さんとの共著である。佐藤さんは、深海ザメの研究で学位をとり、いまは沖縄美ら海水族館の統括責任者として水族館の運営を行う一方でサメの繁殖学の研究を行っている。一方の私は、サメの化石の研究で学位をとり、いまはサメの解剖学と形態進化学の研究をおもに行っている。それぞれの得意分野を生かして、第1章「サメの機能形態学」と第3章「サメの進化史」については私が、第2章「サメの分類と形態の多様性」と第4章「サメの繁殖方法と進化の謎」は佐藤さんが執筆することにした。プロローグは私が、エピローグは佐藤さんが執筆している。

本書を手にとっていただいた皆さんには、一筋縄にはいかない、知られざるサメの世界を堪能していただければ私はとても嬉しい。

冨田武照

もくじ

プロローグ

サメを科学するとはどういうことか？

執筆 冨田武照

伝説の始まり

1872年12月21日、多くの人々の歓声の中、一隻の船がイギリスの軍港ポーツマスを出航した。総排水量2306トン、全長65メートル。時代は帆船から蒸気船への転換期である。この船には3本のマストに加えて、補助用の蒸気エンジンが積まれていた。元々イギリス海軍の軍艦であったが、大砲は2つを除いて撤去され、倉庫と弾薬庫は「研究室」へとつくりかえられた。

この船の名前は、チャレンジャー号——正式にはチャレンジャー6世号。ダーウィンのビーグル号に並び称される、博物学に偉大な功績を残した海洋調査船である。チャレンジャー号は、この出航の後、3年半にわたり世界一周の航海を行い、じつに3500種の新種の深海生物を発見した。チャレンジャー号には、8名の研究者と、船のオペレーションを行う243名の船員が乗っていた。研究者の面々は、博物学者だけでなく化学者もふくまれており、生物採集のみならず、海底地形の測量から海水の化学分析まで、さまざまな調査が同時進行で行われていた。

このチャレンジャー号の航海は、当時のイギリスの強大な国力に支えられた国家プロジェクトであったと同時に、深海に心を奪われた1人の研究者の強い情熱によって達成された。この研究者とは、スコットランドのエディンバラ大学で教鞭をとっており、後にチャレンジャー号航海を率いることになるチャールズ・トムソン博士である。

当時、人類の深海に関する知識はいまよりとぼしく、生物のほとんどいない砂漠のような世界だと考えられていた。水深と生物種数との関係から、水深500メートル以深は生物がいなくなるとする「無生物帯説」をエドワード・フォーブス博士が発表し、その説がまだ学会で影響力をもっていた。その後、水深500メートルを超える深海から生物が断続的に発見されることによって、この説は徐々に支持を失っていくことになる。

そんな時代において、トムソン博士の心をわしづかみにしたのが、ノルウェーの最北端に近い水深550メートルの海底から引き上げられたウミユリの標本であった。ウミユリとは、棘皮（きょくひ）動物（ウニやヒトデの仲間）の祖先的なグループであり、当時化石でしか存在が知られていなかった。環境変化がきわめてとぼしい（と当時は考えられていた）深海は進化から取り残された生物がいまも生き残っている——トムソン博士はウミユリの標本を前にきっとそう感じたはずだ。彼は、そんな深海への大がかりな調査を計画し、その情熱がイギリス政府を動かしたのである。

このチャレンジャー号探検航海の後には、そこで得られた膨大な標本やデータが『1873-

1876年における英国海軍チャレンジャー号航海の科学的成果の報告』（通称チャレンジャー・レポート）として出版された。その報告書は、全50巻、本文3万ページ、図版3000枚以上により構成され、1880年から15年にわたって出版された。この途方もない分量だけを見ても、この航海がいかに実り多いものであったかが分かる。そして、トムソン博士らも予想できなかっただろうが、この『チャレンジャー・レポート』のある記述が、後の伝説の始まりとなるのである。

鉱石の中のサメ

1891年、ジョン・マーリ博士とアルフォンス・ルナール博士によって、チャレンジャー・レポートの第三部となる『深海堆積物』篇が出版された。それは、チャレンジャー号でのドレッジで引き上げられた地質堆積物に関する記述である。ドレッジとは、船からロープで下ろした金属製のカゴを海底で引きずり、海底にあるものをさらってくる採集法だ。その採集物の中に、大量のマンガンノジュールがあった。地質学において、ノジュールとは鉱物の凝集した塊のことで、特に核を中心に二酸化マンガンが被覆するように成長したものをマンガンノジュールと呼ぶ。じつは、チャレンジャー号が大量に回収したマンガンノジュールには、その核としてサメの歯が多くふくまれていた。その中でもとりわけ目立つのが、1875年に南太平洋タヒチの近くの「ステーション218」で採集された2本のサメの歯であった。その大きさは、歯冠の部分だけで10センチメートルに達する。これは、大人のホホジロザメの歯の2倍以上の大きさである。しかも、この歯は、一部がまだ白色であり、まるで化石化の途上にあるようであった。

このサメの歯は、全長20メートルともいわれる巨大な古代ザメ、メガロドンのものである。メガロドンといえば、1909年出版の『アメリカン・ミュージアム・ジャーナル』に掲載された、一人の男が顎の骨格復元模型の中で腰かけている写真はあまりに有名だ。後にこの復元は誤りが指摘され、サイズダウンすることになるのだが、それでもメガロドンが巨大なサメであったことは間違いない。

放射性同位体年代測定

チャレンジャー号が引き上げたメガロドンの2本の歯は、その後、ロンドン自然史博物館の標本庫の引き出しでいったん眠りにつくことにな

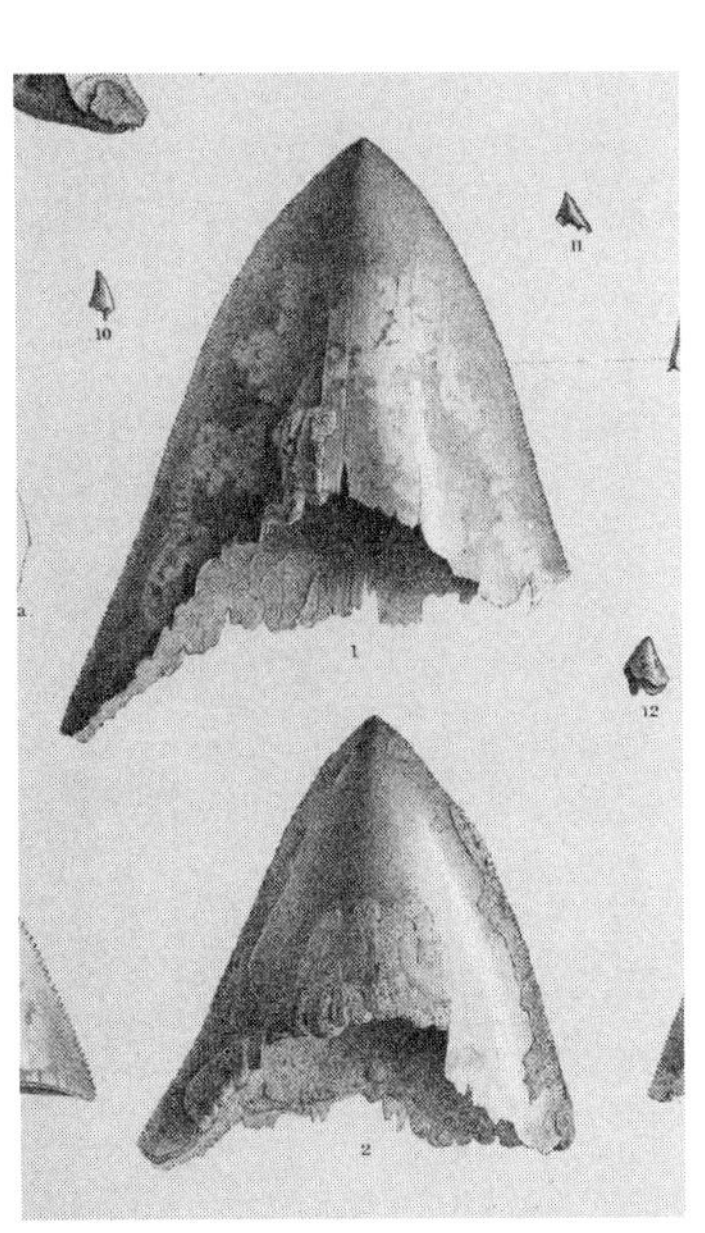

図1　『チャレンジャー・レポート』に掲載された巨大なサメの歯のスケッチ

るのだが、この歯に再び光を当てた人物がいる。その人物とは、クイーン・メアリー・カレッジ（現在のロンドン大学クイーン・メアリー校）のウラジーミル・チェルネスキー博士である。

　彼は、チャレンジャー号が引き上げた白さが残るメガロドンの歯の年代を知ろうと考えた。彼は、この歯に形成された二酸化マンガン層の厚みに着目した。彼の計測によれば、大きいほうの歯で最大1・7ミリメートル、小さい方の歯で3・6ミリメートルであった。この二酸化マンガンの層の成長速度がわかれば、歯の年代がわかるはずだと彼は考えたのだ。

　幸運にも、二酸化マンガンの成長速度についてはすでに研究があった。これは、当時の最新技術である放射性同位体年代測定と呼ばれる手法によって導き出されたものだ。時計におけるテンプのように、時間を測るためには一定の速度で時を刻む「タイムキーパー」が必要だが、この研究ではその役割をラジウムという元素が務めた。ラジウムは、放射線を出しながら一定の速度で

図2　メガロドンの復元模型（アメリカ自然史初物館所蔵）。中に座る男は、この顎の復元を行ったバシュフォード・ディーン博士

ラドンという別の元素に代わっていくため、マンガンノジュールの中心部と辺縁部のラジウムの含有量の違いから、その成長速度を推定できるという理屈だ。

その結果から推定されたマンガンノジュールの成長速度は、1000年で約0・15ミリメートル。この値を先ほどのメガロドンの歯を覆っている二酸化マンガンの厚みに当てはめると、大きい歯は1万1000年前、小さい歯は2万4000年前という年代が出てくる。これらの年代は途方もなく昔のことに思えるが、地質学的な時間では「ついさっき」のことだ。参考までに、日本の縄文時代の始まりは約1万7000年前とされており、大きい歯はそれより新しいことになる。メガロドンは、これまで考えられていたよりずっと最近まで生存していた――この結果を、チェルネスキー博士は1959年に『ネイチャー』誌上で「メガロドンの年代は？（Age of *Carcharodon megalodon?*）」という論文として発表した。

メガロドン生存説

彼の論文中で示された推定年代は「メガロドンが現在も地球のどこか人目のつかないところで生きている」という期待を人々に抱かせるのに十分なものであった。チャレンジャー号のトムソン博士が心奪われたウミユリを始めとする一連の発見を見れば、古代生物が今も深海に生き残っているというのは十分にあり得ることのように思われた。1898年には、恐竜時代のサメにそっくりなミツクリザメが相模湾の深海から報告され、１９３８年には、恐竜時代に絶滅したと思われていた古代魚、シーラカンスにそっくりな魚が南アフリカの深海から発見された。数千万年前に姿を消したと思われていたこれらの魚が発見されて、数万年前には生きていたメガロドンが発見されないと誰がいいきれるのだろうか？　実際、ある研究者によれば、シーラカンスの発見以前、研究者にシーラカンスとメガロドンのどちらが生き残っている可能性のほうが高いかと問えば、大半はメガロドンと答えたのではないかという。

ちなみに、チェルネスキー博士の論文に関しては、現在では否定的な意見が多い。中でも重要なのは、ラジウムによる年代推定法の問題が明るみになったことだろう。どうやら、ラジウムは徐々に海水に溶け出すらしく、マンガンノジュールの成長速度を推定するには適さないようなのだ。イオニウムという別の元素を用いた追試の結果、マンガンノジュールの成長速度は、チェルネスキー博士の想定より20－30倍遅かった可能性が出てきた。

さらに、チャレンジャー号の採取地点と同じ地点から引き上げられた別の2本のメガロドンの歯の年代測定の結果も、チェルネスキー博士の結果と食いちがうものだった。これらの標本は、２００７年にドイツが行った深海底調査によって得られたもので、歯にふくまれるストロンチウム87という元素を用いて年代測定が行われた。

その結果は、一つの歯が１８００万年前、もうひとつの歯が６００万年前であった。じつにチエルネスキー博士の結果の250倍から1600倍も古い年代である。この結果はメガロドンの生息年代が2500万年前から350万年前とする古生物学の一般的な見解とも一致する。結局のところ、チェルネスキー博士が測定したのは歯を被覆している鉱物の年代であり、歯そのものの年代ではなかったというところが最大の弱点だったのである。

縄文人はメガロドンを見たか

チャレンジャー号が引き上げたメガロドンの歯が縄文時代のものである可能性は低そうだが、日本の縄文時代の遺跡からメガロドンの歯が発見されたことがある。発見地は青森県鰺ヶ沢町（あじがさわまち）である。こちらは、縄文人がメガロドンと遭遇していた証拠になるのだろうか。

残念ながら、その可能性も低そうだ。じつは、チャレンジャー号のメガロドンにかぎらず、化石そのものから年代を測定するというのはそれほど簡単なことではない。そのかわりとして、化石が発見された地層から生息年代を推定するということが行われる。ところが、この地層年代が生息年代と一致しない場合があるのだ。この現象は、化石の「再堆積（リワーク）」として知られており、それほどまれなことではない。生物が化石となった後に、地層の侵食などの理由で再び地表に露出し、新しい時代の堆積物に混入することがあるのである。

遺跡から発見されたメガロドンもこの一例ととらえることができる。実際、遺跡から見つかったメガロドンの歯は、他の出土物と化石化の度合いが大きく異なっており、縄文時代にはすでに化石だった可能性が高い。メガロドンの化石を手にした縄文人がその正体をどの程度理解していたのかはわからない。しかし、鶴見大学の後藤仁敏(まさとし)博士によると、これは「日本人によるサメの歯の化石の発見の最古の記録」なのではないかという。面白いのは、この歯には人の手によって加工がほどこされた痕跡があり、どうやら縄文人はこれを石器として用いていたらしい。この歯は京都国立博物館で実物を見ることができる。

スコットランドの怪物

さて、話を戻して、チャレンジャー号探検航海を率いたトムソン博士であるが、私は彼が教鞭をとっていたエディンバラを二度訪れたことがある。一度目は、私が大学受験に失敗した2001年のことだ。のんきにも、浪人生の私は両親とイギリスを訪れていた。若かりし父が貧乏旅行で訪れたエディンバラを、今度は家族で訪問しようという旅だ。石畳の橋が川に架かり、川には鳥たちが集う。こんな歴史情緒ある美しい街だった。その旅行で、私たちはエディンバラのさらに北にある都市、インヴァネスにあるネス湖に足を延ばした。その目的は、何を隠そう、あの「ネス湖の怪物」、通称ネッシーを見るためである。

濃い霧に灰色の水面——私が見たネス湖の佇まいは、確かにそこに何かが潜んでいるのではないかと思わせるものだった。ネス湖は氷河によって削られた渓谷が、その後の温暖化によって水没してできた細長い淡水湖である。ここに何か未知の生物がいるという記述は7世紀くらいからあるようであるが、その存在を世界に知らしめたのは、1934年にイギリスの『デイリー・メール』紙に掲載された、湖から首をもたげるネッシーの有名な写真だろう。この写真の真贋はともかく、恐竜時代のプレシオサウルス類を彷彿とさせるその姿は、古生物好きの冨田青年の心を躍らせるのに十分であった。ちなみに、二度目にエディンバラを訪れたのは、その8年後のことだ。古生物学者を志す大学院生として、ある貴重なサメの化石を調査するためである。これは、サメの進化を解明する上でとても重要な化石なのだが、その話は第3章のお楽しみとしておこう。

ネッシー、海に現る

じつは、ネッシーと日本人はただならぬ関係がある。1977年、日本のトロール船「瑞洋丸」はニュージーランドの沖で奇妙なものを引き上げた。ひどく腐敗が進んでいたものの、ワイヤーでつり下げられたその姿は、それが巨大生物のものであることを示していた。廃棄する前にこの船の製造主任の矢野道彦氏が船上で撮影した5枚の写真には、この生物の奇妙な特徴——細長い首とその先の小さい頭、肩から垂れ下がる2枚のヒレが写っている。これらの特徴は、写真を見た者にあるものを想像させた。そう、ネッシーだ。この写真は、日本の新聞や雑誌で大きく報道され、「ニューネッシー」の名で広く知られることとなる。ニュージーランドのネッシーでニューネッシーというわけだ。

この生物の正体について、最初に科学的な調査を行ったのは東京水産大学（現在の東京海洋大学）の佐々木忠義博士と木村茂博士であった。現在であれば、死体から採取した組織のDNA情報から種の特定を行うところだが、当時はそのような技術は存在しなかった。細胞の中にわずかにしかふくまれないDNAを手軽に増やすPCR技術が発明されたのは、未確認生物が引き上げられてから6年が経った1983年のことである。

彼らが調査したのは、廃棄前に奇跡的に死体から採取されていたヒレの一部だ。乗員が、ヒレの先から採取したヒゲのような組織を持ち帰ったおかげで、それが唯一の物的証拠となったのである。佐々木博士と木村博士はこの組織のアミノ酸組成を調べた。生物の体はタンパク質によってできており、このタンパク質は20種類のアミノ酸が連結してできたものだ。生物の種類によっ

図3　瑞洋丸が引き上げた「ニューネッシー」の死体
©アフロ

て、タンパク質を構成しているアミノ酸の割合が異なるから、この構成比を調べることで種を特定しようというのが彼らの作戦である。その結果は、この未確認巨大生物に古代の夢を見ていた人たちには残念なものだったかもしれない。彼らは、この死体の正体を「大型のサメ」と結論づけた。

佐々木博士と木村博士の研究とほぼ同時期、「大型のサメ」説を後押しする研究が、東京医科歯科大学（現在の東京科学大学）の永井裕博士らによって行われている。彼らは例のヒレの一部の持ち主を探るために、免疫学的な手法を用いた。私たちの体内には、ウイルスなどさまざまな異物が頻繁に侵入している。このような異物の侵入から体を守るしくみを免疫という。私たちの体はとても賢くできていて、一度体内に侵入した異物の特徴を、長期的に記憶することができる。二度目に同じ異物が侵入したときに、その記憶を呼び起こして、ただちに対処できるようにするためである。彼らは、サメからコラーゲンを抽出し、これを実験動物であるモルモットに投与した。サメのコラーゲンをモルモットの体に記憶させるためである。その後、今度は同じモルモットに未確認生物の組織から抽出したコラーゲンを注射してみた。するとどうだろう。モルモットの体は、あたかもサメのコラーゲンの記憶を呼び起こしたかのように反応した。これはつまり、未確認生物がサメであったと考えるとつじつまが合う。

現在では、この未確認巨大生物の正体は、ウバザメという巨大なプランクトン食のサメであるということで、一応の決着をみている。私が写真を見ても、ウバザメと考えて矛盾はなさそうだ。ウバザメは全長10メートル以上にまで成長し、ジンベエザメに次いで世界で2番目に大きいサメといわれている。彼らは、プランクトンを濾し取るために、体に対して不釣り合いに大きい顎と鰓を持っており、腐敗などが理由でそれらが脱落してしまうと、あたかも長い首の先に小さい頭がついているかのような見た目になる。このおかげで、ウバザメの死体をニューネッシーと誤認した、というのが現時点での解釈だ。

メガロドン生存説は永遠に

メガロドン生存説やニューネッシーの正体については、その後も「クリプトズーロジー（未確認動物学）」という学問分野において、ひっそりと議論が続いている。たとえば、メガロドン生存説の肯定派は、年代推定の再検討などを行っているが、否定派を納得させられるデータは得られていないようだ。否定派の論客として知られるサウサンプトン大学の古生物学者ダレン・ナイシュ博士は、2013年の『サイエンティフィック・アメリ

図4　ウバザメ ©アフロ

カン』誌のブログにおいて、メガロドンが生存している証拠はまったく存在していないと述べたうえで、もし現在も生きているとしても、それはメガロドンとは別種の「カルカロクレス・モダニクス *Carcharocles modernicus*」になっているはずだと述べている。もちろん、これは正式な学名ではなく、彼が「現代の（modern）」という単語から作った架空の名称だ。

この不利な状況においても、私は一人の科学者として、メガロドンは地球のどこかで生存していてほしいと本気で思っている。メガロドン生存説の肯定派も否定派も、きっと本当は生きているメガロドンを見たいのだ。事実、私のもとに届く（おもに子供たちからの）「メガロドンはいまもどこかで生き残っていると思いますか？」という質問は本当に多い。私には、彼らの質問を非科学的だと断ずることはできない。

科学はなんでも真実を明らかにできると思わないでほしい。本当のことなど、結局誰もわからないのだ。本書の目的はサメについての真実を列挙することではない。むしろ、真実とされる知識がいかにして作られ、そしてあっけなく反駁（はんばく）されてきたのか、その科学の営みをお話ししたい。あなたの知っているサメについてのさまざまな知識が、「メガロドン生存説」と同様に、いかに脆い基盤の上に立っているかを感じていただければ幸いである。

第1章 サメの機能形態学

執筆 冨田武照

第1章は、サメの体のしくみを解説しよう。手元に機械があったら、思わず分解してしくみを確かめたくなる、そんな「分解系」の皆さんが楽しめる章になればよいと思っている。この分野を切り開いてきたのは、おもに機能形態学の研究者だ。彼らの研究対象は、生物のデザインすべてである。サメをふくめ動物は、もともと一つの丸い受精卵からはじまる。その細胞は分裂を繰り返し、一兆個以上の細胞からなる複雑な構造が形作られていく。そんな動物の体には、個体のレベルから、器官、組織、一つの細胞のレベルに至るまで、数億年の時をかけて獲得された見事なデザインが隠されている。このデザインの意味を完全に理解することが機能形態学者の目標だ。

本章では、サメの体の機能を「食べる」「泳ぐ」「拍動する」「呼吸する」「感じる」「光る」に分け、それぞれこれらの機能がどのようなしくみによって成し遂げられているのか解説しよう。本章を読み終えたあなたの目に、サメの姿がより一層美しく見えていれば、私の試みは成功といえるだろう。

1-1 食べる

映画『ジョーズ』のポスターに描き加えられたもの

スティーブン・スピルバーグ監督による1975年のパニック映画の名作『ジョーズ』には原作がある。ピーター・ベンチリーによる同名の小説『ジョーズ』である。米国の画家ロジャー・カステルが描いたこの本の表紙はとても秀逸だ。黒い背景に白色でJAWSの文字。この文字のすぐ下には水着姿で泳ぐ女性の姿が小さく描かれている。その女性の下から亡霊のように忍び寄る大きな白い頭。その閉じられた口の隙間からは、多数の鋭い歯が覗いている。

この絵に既視感はないだろうか。そう、映画『ジョーズ』の有名なポスターだ。作者は同じロジャー・カステル。泳ぐ女性の下に忍び寄るサメという構図はまったく同じだ。ところが、彼は小説の表紙絵を映画のポスターに作り替えるにあたって、細かい改

図1－1　映画『ジョーズ』のポスターと小説の表紙 ©アフロ

変をいくつか加えている。一つは、白かったJAWSの文字を、血を連想させる赤色に変更したこと。そしてもう一つは、控えめだった口を2倍ほどに拡大し、そこに恐ろしげな歯を多数描き足したことである。映画に登場したのはホホジロザメだが、カステルはポスターの絵を描くにあたって近縁なアオザメの頭を参考にしたらしく、尖った鼻面や、細長い歯の形にアオザメの片鱗を見ることができる。小説の表紙絵を「不気味」と表現するならば、映画のポスターの絵は、サメの「恐ろしさ」をより直接的に表現したものといえるだろう。

描き加えられた歯。小さい改変だが、これが意味するところはじつに興味深い。サメに対する私たちの恐怖の根源が、つきつめればその歯にあることを示しているように思われるからだ。サメにとって歯は、獲物を確実に捕らえ、傷つけ、殺すための道具だ。捕らえ損ねれば、その日の食事を逃すだけでなく、獲物の死に物狂いの反撃によって致命傷を負うかもしれない。彼らが恐ろしげな歯をもつことには、真っ当な理由がある。

図1－2　ホホジロザメ ©シーピックスジャパン

サメの歯の多様性

サメの歯のデザインは驚くほど多様だ。下に示したのはサメの歯の形のバリエーションのほんの一部である。歯の形は、サメの種類を同定する上で重要な情報になるため、図鑑に載っていることも多い。化石種を含めると、その多様性はさらに広がる。現生種と化石種のサメとエイの歯の形をひたすら記述した『Handbook of Paleoichthyology（化石魚類学ハンドブック）Vol. 3E』という500ページ超えの本があるくらいだ。

サメの歯のデザインは、その機能によって大きく2つのグループに分けることができる。一つはナイフ型、もう一つはフォーク型である。専門的には前者を「切断タイプ

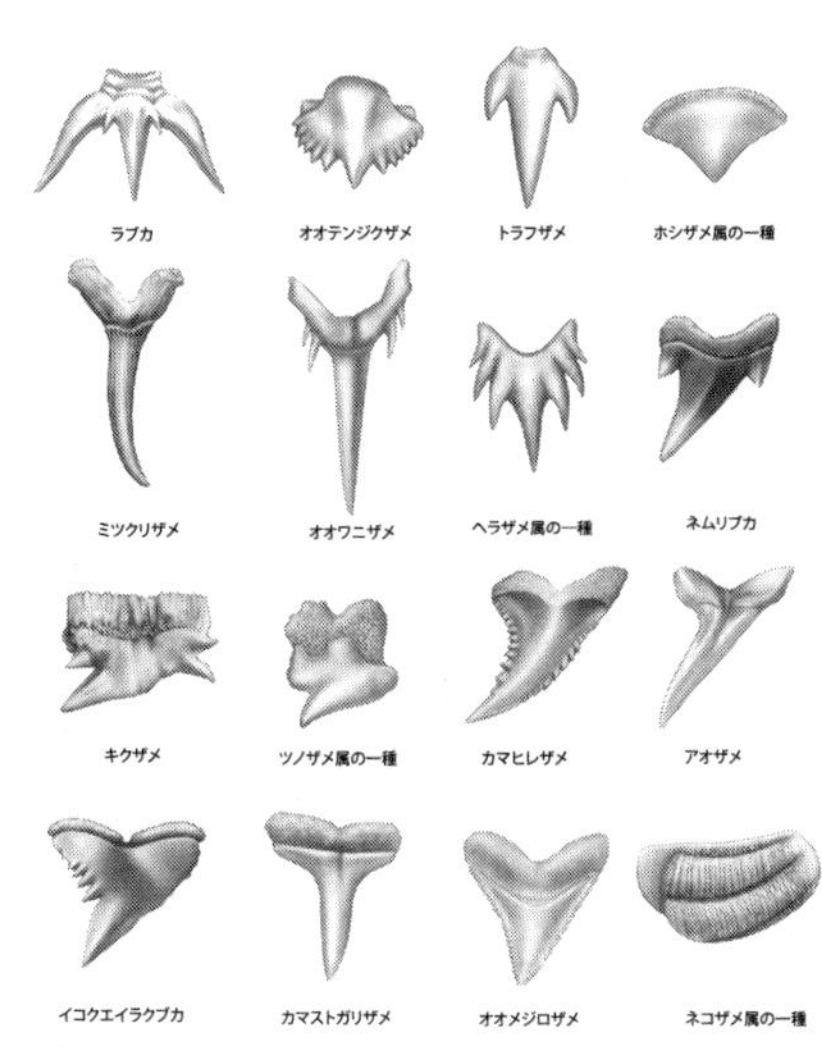

図1－3　さまざまな歯の形（すべて上顎歯）

(cutting type)」、後者を「突き刺し/引き裂きタイプ(clutching/tearing type)」と呼ぶ。ナイフ型は、その名の通り、肉を切断するのに適した形である。多くは、矢尻のような三角形で、前後に鋭い歯がついている。歯に沿って細かいギザギザ(鋸歯)がついている場合もある。実際、これらの歯の切れ味は素晴らしく、顎の解剖中に気づいた時には手をザックリと切っていたというのは、サメ研究者なら誰しも経験があることだろう。

一方のフォーク型は、細く尖った歯で獲物の皮膚を突き通し、捕らえた獲物が逃げないようにしっかりと押さえ込むことを目指した形である。中央の一番長い棘(主咬頭)の両脇に小さい棘(副咬頭)を複数持っている種類もいる。

サメの歴史においては、フォーク型の歯のほうが祖先的で、その中からナイフ型の歯がいくつかの系統で進化してきたと考えられている。ナイフ型の歯には、彼らの食生活を豊かにする大きなメリットがある。フォーク型の歯の持ち主は、基本的に口に入る大きさの餌しか食べることができない。一方、ナイフ型の歯を持つサメは、小さく食いちぎることで口に入らない大きいサイズの餌も食べることができる。実際、ナイフ型の歯を持つサメと、フォーク型の歯を持つサメとを比べると、平均の餌サイズは2倍ほども異なっているらしい。

なお、自然に例外はつきもので、ナイフ型とフォーク型のどちらにも属さない歯も多数存在する。たとえばネコザメの歯は、臼歯のような丸い形をしており。サザエのような硬い殻を持つ生物を噛み砕いて食べることができる。

学者達を欺いたイタチザメ

ナイフ型の歯の中で、変わり種を一つ紹介しよう。その形は、缶切りによく形容される。歯は分厚く、側方に大きく湾曲している。縁には場所によって大きさの異なる鋸歯が発達している。さらに面白いのは、「第二鋸歯」と呼ばれる構造で、一部の鋸歯を拡大すると、それぞれの山に、さらに小さいギザギザがついているのが見える。スケールを超えて、同じような構造が繰り返し現れる。いわゆるフラクタル構造と呼ばれるものだ。

この変わった歯の持ち主は、イタチザメという最大5メートルくらいになる大型のサメである。著者らが住む沖縄を含め、世界中の暖かい海に分布している。このサメは悪食で知られており、その胃の中からは、魚類、鯨類、ウミガメ、海鳥といった海棲生物から、漁網やタイヤといった人工物まで見つかっている。イタチザメの歯の形はとても個性的であるため、抜けた

図1－4　イタチザメ　Ⓒアフロ

一本の歯を見るだけで、その持ち主を間違いなく言い当てることができる——そう信じられていた。

1835年のことだ。米国の地質学者・古生物学者のルイ・アガシー博士は、約8000万年前の恐竜時代の地層から発見された新種のサメの歯の化石を論文に記載した。アガシー博士の名前は私たちの間では超がつくほど有名だ。「氷河期」の名づけ親といえば、その偉大さが伝わるだろうか。

時代はまだサメの分類体系が確立するずっと前のことだ。彼は、この化石をガレウス・プリストドンタスと名づけた。この「ガレウス」とは、いまから見れば、さまざまなグループのサメが混在している、いわばゴミ箱のような分類群であった。アガシー博士の化石が真っ当な居場所を見つけるのは、その約20年後のことである。

この化石の最大の特徴——大きく側方にカーブした缶切りのような形は、現生のイタチザメの歯の特徴によく一致する。後の研究者らはアガシー博士の化石をゴミ箱から拾い上げ、イタチザメの化石種、ガレオセルド・プリストドンタスとして再分類した。「ガレオセルド」とは現生イ

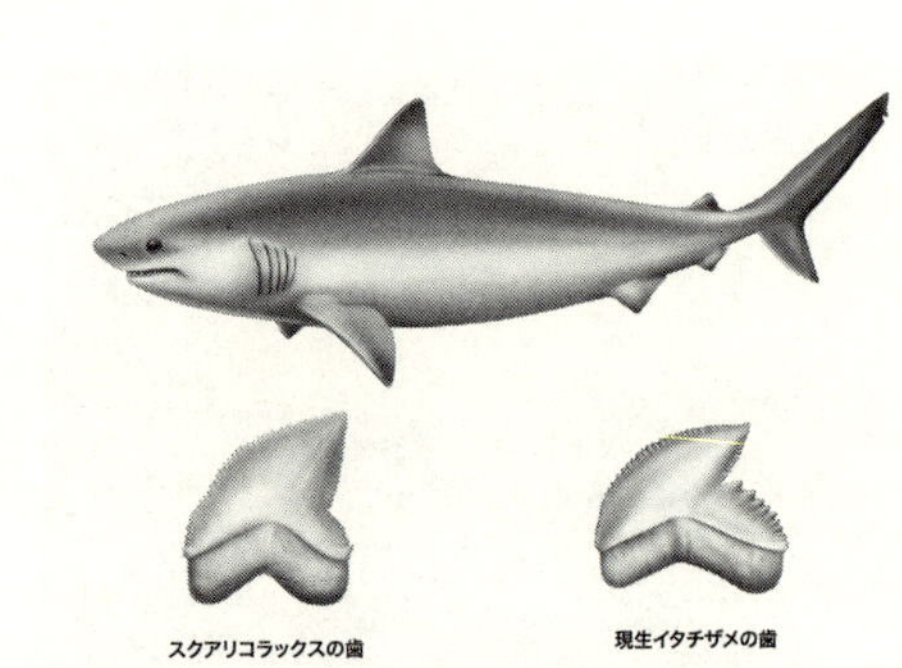

図1－5　イタチザメに似た歯を持つ化石種

タチザメの属名だ。そんな研究者の中には、19世紀末の北米で起こった恐竜化石の争奪戦「骨戦争（Bone Wars）」の中心人物として名高い、エドワード・コープ博士もふくまれていた。

ところが、このイタチザメの化石は、その後の研究により思わぬ運命をたどることになる。歯の内部構造や、歯以外の部分の体の特徴が明らかになるにつれ、イタチザメとの決定的な違いが次々に明らかになってきたからだ。その過程で、一度は居場所を見つけたかにみえたこの化石は、再び属名を剝奪され、スクアリコラックス・プリストドンタスとして再分類されることになる。現時点では、この歯の持ち主は、イタチザメと目レベルで異なるサメであると考えられている。もし、この説が正しければ、サメはその進化の歴史の中で、この独創的な歯のデザインを二度も進化させたことになる。

このどんでん返しは、私たちに大変重要なことを教えてくれる。奇抜に思えるイタチザメの歯の形は決して偶然の産物ではない。「デザインは機能に従う」とは、近代建築の父と呼ばれるルイス・サリヴァンの言葉だが、あらゆる道具の形にその用途に見合った意味があるように、サメの歯の多様なデザインにも、その機能に裏付けられた意味があるということだ。

ナイフ型の歯の形はなぜ多様なのか

歯の形の機能的意味を読み解くこと——これはとても興味深いテーマであり、多くの研究者が研究に取り組んできた。そんな研究の中で、私のお気に入りを一つ紹介しよう。米国ワシントン大学のアダム・サマーズ博士と彼の学生、キャサリン・コーン氏らが行った2016年の研究である。彼らの研究の内容を楽しむために、イタチザメの歯に加えてもう一つ変わり種の歯を紹介したい。それは、カグラザメの歯である。彼らは深海に棲む大型のサメで、その全長は4メートルに達する。彼らの歯は他のどのグループのサメにも似ていない。歯は長方形で、上部に大きいギザギザが一列に並んでいる。たとえるならば、弁当でおかずの間を仕切る緑色のプラスチックのシート（バランというらしい）だろうか。

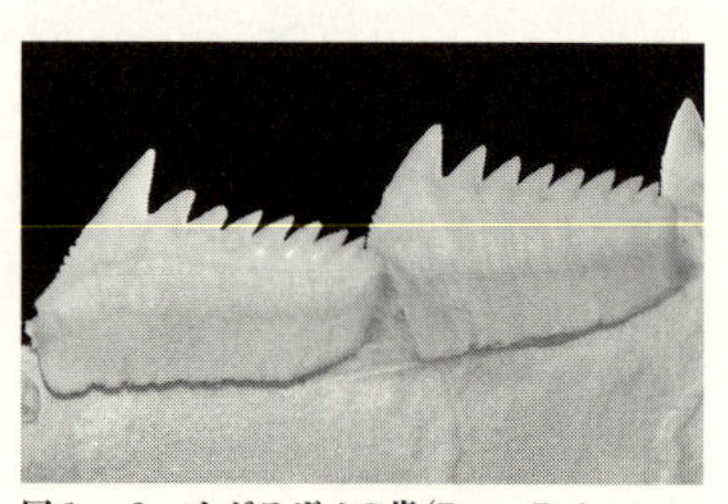

図1－6　カグラザメの歯(Ross Robertson, Smithonian Tropical Research Institute)

ナイフ型の歯には一つの謎がある。それは、異常なまでの形の多様性である。同じく肉を切るために人が作り出した包丁の形は、古今東西それほど変わらないことを思い起こせば、サメの歯の多様性はじつに奇妙である。もし仮に肉を切るのに最適なデザインが一つあるのならば、サメの歯もその理想的なデザインに収束しそうなものだ。

サマーズ博士らがこの疑問に答えるために選んだ研究手法は最高にイカしている。まず彼らは市販の電動ノコギリを購入した。スイッチを入れると金属製のブレードが前後に振動するやつだ。彼らは、その刃にサメの歯を並べて接着し、人工的に動くサメの顎の模型を作成した。こうしてできたサメの顎を肉に押し当て、その切れ味を評価した。彼らがノコギリに接着した歯のデザインは3種類だ。一つは、最も一般的に見られる矢尻型。二つ目は、イタチザメの缶切り型。三つ目は、カグラザメのバラン型である。

最も切れ味が良いのはどのデザインだったのか？　答えは、矢尻型だ。一方、缶切り型とバラン型の切れ味は相対的に劣っていた。歯のデザインによって切れ味が異なるというのも興味深い発見だが、本当に面白いのはその先だ。サマーズ博士らは、3種類の歯の耐久性についても調査を行った。包丁を想像してほしい。最初は切れ味が良いが、使用するにつれて刃は鈍り、最終的にはまったく切れなくなってしまう。どのくらい切れ味が維持されるか、サマーズ博士らは3種の歯で比較したのだ。その順位は大変興味深いものだ。じつは、耐久性において最も優れていたのは、切れ味においても最も劣っていたバラン型だった。逆に、切れ味で最も成績の良かった矢尻型は、耐久性においては最下位だった。

これは、サメの歯のデザインが抱えているジレンマの一つを我々に教えてくれる。つまり、歯の切れ味と耐久性は相反する関係にあり、それ

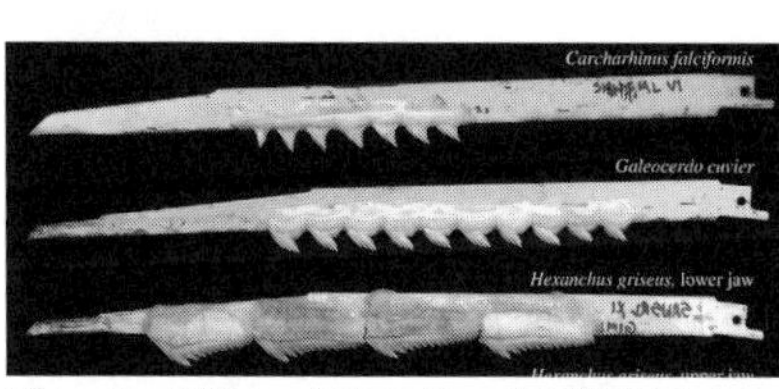

図1－7　電動ノコギリのブレードに接着されたサメの歯(Corn et al., 2016)

らを両立させた完璧な歯のデザインは存在しないらしいということだ。おそらく、このような相反関係は無数に存在しており、メリットとデメリットを天秤にかけることで、そのサメにとって最も都合の良いデザインが選択されているのだろう。それが、サメの歯が多様であることの一つの理由というわけだ。

サメの歯がボロボロなわけ

ある日、私は自宅で自然ドキュメンタリー番組を見ていた。数頭のシャチがヒゲクジラの親子を追跡している。長時間の追跡の末、シャチはクジラの親子から子供だけを引き離し、その狩りは成功に終わった。

水面に浮かぶシャチたちが食べ残した仔クジラの死体を見て、私は奇妙に思った。胴体のほとんどが手付かずなのだ。喉袋から舌のあたりのみが食い散らかされており、はずれかけた下顎が体からぶら下がっている。狩りに費やしたエネルギーを考えれば、この食べ方はあまりに非効率的に思える。これは、ホホジロザメが食べたクジラの死体のようすとはかなり異なる。ホホジロザメは、水面に浮かぶクジラの死体に食いつき、その状態で頭を左右に振って肉を削ぎ落とす。クジラの体には肉を切り取った後の綺麗な半円形の痕が多数残される。

一見、贅沢にも思えるシャチの食べ方に対する私の解釈は以下の通りだ。シャチは胴体を食べなかったのではない。食べ残さざるをえなかったのである。シャチの歯はバナナのように太く、サメの歯の薄いナイフのような形とは大きく異なる。手を使うことのできないシャチにとって、このような太い歯で肉を削ぎ落とすのは至難の業だろう。その結果、伸縮性の高い喉の部分だけを嚙みちぎり、体の肉の大部分を食べ残すという奇妙な状況が生じたのではないだろうか？

ここまで考えて、私には思い当たる節がある。サメの顎に並ぶ歯を観察すると、歯の先端が欠けていたり、刃こぼれしていたりということが頻繁に見られる。歯が根本から折れているということも珍しくない。１９９２年に愛媛県でタイラギ貝漁を行っていた潜水員が大型のサメに襲われた死亡事故では、後に潜水服の傷からサメの歯の破片が見つかり、襲った犯人がホホジロザメだと判明したという例まである。サメの歯に見られる摂餌時の破損は「使用痕」と呼ばれ、化石の歯に同じような破損があった場合には、その歯が生前に使われた証拠であるとされている。彼らのボロボロの歯を見ていると、その高い切れ味と引き換えに頑丈さが犠牲になっているように思われるのである。

もっとも、サメにとって歯が破損することはそれほど大きい問

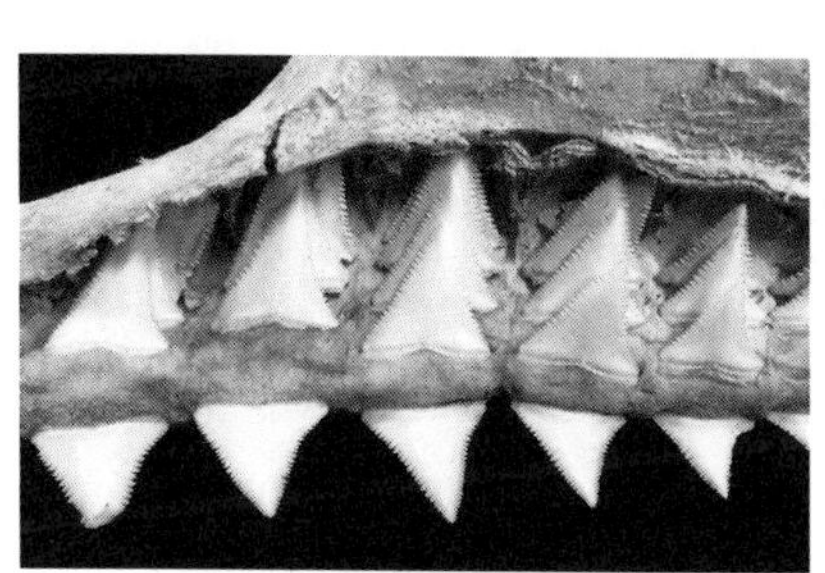

図１－８　ホホジロザメの顎を内側から見たところ。何列もの予備の歯が控えている。

題ではない。彼らの歯は生涯抜け替わり、歯が壊れてもすぐに新品に置きかわるからだ。シロワニというサメの観察によれば、おおよそ2日で1本の歯が抜けるらしい。使用中の歯が上下の顎で約50本とすれば、4ヵ月もすればすべての歯が新品に入れ替わる計算になる。サメの歯は「水平交換」と呼ばれる独特な方法で歯を交換することが知られている。新しい歯の形成は、顎の内側で始まる。その歯は、歯冠、歯根の順で形成を続けながら、顎の外側に向かって移動する。そして最終的に完成した歯は起き上がって歯肉から萌出する。口の外から見えている歯の内側には、ホッチキスの芯のように何列もの予備の歯が控えているのだ。

これは、歯が生え変わることなく乳歯を一生使い続けるシャチとは対照的である。彼らにとって歯が大きく破損することはあってはならないことだ。サメが、切れ味の良い歯を選択できているのは、歯を大量に使い捨てられる彼らのなせる技である。今度、博物館や水族館でサメの顎の骨格標本を見つけたら、彼らのボロボロの歯を見てほしい。それは、彼らの優れた進化戦略の何よりの証なのだ。

2008年の衝撃

全長1メートルほどの白灰色の体に、天狗のように伸びた鼻先。奇妙なサメの横顔がアップで映し出される。そのサメは顎を大きく開く。と、次の瞬間、目にも止まらぬ速さで顎が前方に射出される。気づいた時には、映像に映るカメラマンの腕を覆うウエットスーツに歯が食い込んでいる。

２００８年のある日、ＮＨＫの番組でこの映像が流れた。当時大学院生としてサメの摂餌行動の研究を行っていた私はこの映像に釘づけになった。なんということだ。映像は、文句なしに素晴らしい。しかし、この映像を見た瞬間の私の気持ちは複雑だった。サメの研究をするものとして、私は自分の手でこの映像の研究がしたかった。しかし無名の学生に、そんな機会などあるはずもない。私はこれからこのデータを使って研究するであろう、どこかの「大物学者」に嫉妬した。

このサメはミツクリザメといい、ホホジロザメを含むネズミザメ目に属する深海ザメだ。このサメは、顎が大きく前に突出することで知られているが、その狩りの様子は誰も見たことがなく、この顎をどのように使っているのか謎であった。突出させた顎を海底に突っ込んで、砂の中に潜む生物を

図１－９　ミツクリザメの捕食シーン

細長い歯で濾し取って食べているのではないかという説があったくらいだ。このテレビで流れた動画は、サメ研究者がずっと知りたかったミツクリザメの顎の動きをとらえた世界初の映像であった。この映像の世間での反響も大きかったようで、2013年には新たな映像を加えたドキュメンタリー特番として放映された。

ところが、この映像はなかなか論文として発表されることがなく、一方の私は大学を卒業し、博士研究員（ポスドク）として国内外の大学を転々としながら細々とサメの研究を続けていた。そんな中、2015年にサメ研究の第一人者として知られる北海道大学の仲谷一宏博士から思いもよらぬ提案を持ちかけられる。曰く、例の映像の論文化を進めているが、解析を手伝わないかという。あの夢にまで見たデータを研究できるチャンスが突然転がり込んできたのだ。もちろん断る理由などない。

私たちは映像を詳しく分析し、この摂餌行動の特徴を明らかにした。驚くべきは、その顎の射出速度で、顎の先端の速度は最大で秒速3メートルに達している。ミツクリザメが口を開け、射出準備に入ったわずか0・09秒後には、口先はターゲットに到達する。魚の逃避行動の反応時間は0・1秒ほどといわれているので、ミツクリザメの顎の射程圏内に入った獲物は、仮に身の危険を感じて逃げようとしても、時すでに遅し。彼らの体にはすでにミツクリザメの歯が食い込んでいる。私たちは、この摂餌行動を論文の中で「パチンコ式摂餌（slingshot feeding）」と名づけた。ゴムバンドに石などを引っかけて飛ばす、あのパチンコだ。

顎の飛び出すしくみ

じつは、ミツクリザメほど顕著でなくとも、多くのサメは顎を射出させることができる。ホホジロザメが口を大きく開けた写真を見ると、顎全体が前にせり出して歯が剝き出しになっているようすを見ることができる。このような動きは、顎が頭蓋骨（正確には脳頭蓋）から分離していることによって可能になっている。平常時、顎は頭蓋骨の後方にピッタリ収納されているのだが、摂餌の瞬間には、顎はもとあった場所から外れ、前方に射出される。

では、顎を射出する原動力はなんだろう。この疑問を解消するべく、1997年に米国南フロリダ大学のフィリップ・モッタ博士らはある実験を行った。この実験はなかなかに刺激的だ。まず生きているニシレモンザメの顔にたくさんの電極を刺す。これらの電極は、それぞれ顔のさまざまな筋肉に刺さっており、筋肉が動くことで発生する生体電流を記録できるようになっている。このサメに餌をあげてみよ

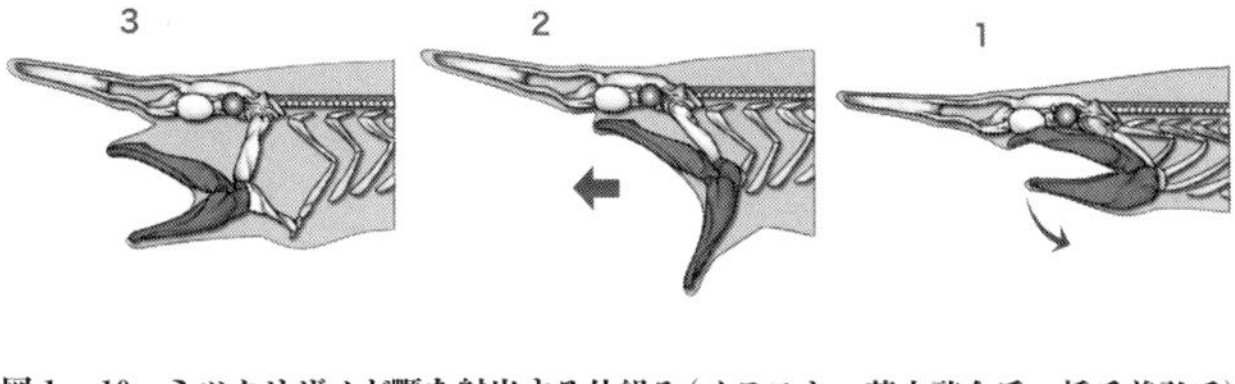

図1－10　ミツクリザメが顎を射出する仕組み(イラスト：荻本啓介氏・橋爪義弘氏)

う。すると餌に食いつくまでに動いた各筋肉が電気信号を出し、装置にはその波形が記録される。

　彼らはこの方法を使うことで、顎が突出するのに使われている筋肉の特定に成功した。その筋肉とは、前眼窩筋（ぜんがんかきん）といい、左右の顎の付け根から前方に伸び、目の下あたりの場所で頭蓋骨とつながっている。この筋肉が収縮すると、顎全体が前方に引っ張られて飛び出すというしくみらしい。つまり、この筋肉はパチンコのゴムに相当するというわけだ。ちなみに、飛び出してしまった顎を、もとの場所に引き戻す筋肉も存在する。

飛び出る顎はいかにして進化したか

　顎を射出する能力はどのような過程を経て進化したのだろうか？　この謎を解く鍵になるのが、「バラン型」の歯を持つサメとして先に紹介したカグラザメの仲間だ。このグループは、現生のサメの中では特別な存在である。というのも、彼らは系統樹において最も根元に近い位置で分岐した――すなわち現在生きているサメの中で最も祖先的な特徴を持つグループと考えられているからだ。

　このサメの顎を解剖すると、顎が頭蓋骨に直接関節していることがわかる。つまり、一般的なサメのように顎が遊離していないのだ。この関節のおかげで、カグラザメ類は顎をほとんど射出することができない。ちなみにこの関節には名前がついており、後眼窩関節（こうがんかかんせつ）という。

このような観察から、以下のシナリオが考えられている。現在生きているサメの共通祖先はカグラザメ類と同じように頭蓋骨と接続した顎を持っていた。しかし、進化の過程で後眼窩関節が失われ、顎が頭部から離れて自由に動けるようになった。その結果、ミツクリザメのように顎を前方に射出することで獲物を捕らえるサメが誕生したというわけだ。

不都合な化石

このシナリオは、いまでも定説として多くの研究者に受け入れられているのだが、その定説ではうまく説明できない化石も発見されている。その事実を指摘したのは、ニューヨークにあるアメリカ自然史博物館のジョン・メイシー博士だ。彼は、恐竜時代に大繁栄した古代ザメ、ヒボダス類の研究を行っていた。ヒボダス類は、カグラザメ類よりさらに古いサメの特徴を持つ化石グループとされている。頭部に鬼のツノのような棘を持つ面白いサメだ。

メイシー博士は、世界中のヒボダス類の頭部の化石を丹念に調べる過程で、大変重要なことに気がついた。ヒボダス類の顎は後眼窩関節を持たない――つまり彼らは現生の多くのサメのように射出できる顎を持っていた可能性があるのだ。

この化石証拠から、サメが顎を射出できるようになったタイミングは、現在信じられているよりずっと古くに遡るとメイシー博士は主張している。彼の主張が正しければ、カグラザメ類は、

「先祖返り」のように顎を射出する能力を再び失ったサメということになる。博士の説の真偽はさておき、サメの顎の進化の歴史は、一般に信じられているより複雑であったことは間違いなさそうだ。

サメの顎はなぜ飛び出るのか

サメが顎を射出できるようになる進化過程を調べることはなぜ重要なのか。研究者たちは、進化の過程を明らかにすることで、サメの顎の射出にまつわる最大の謎に答えようとしてきた。その謎とは、なぜサメは顎を射出できるようになったのかということだ。わざわざ射出できる能力を手に入れたからには、何かしらの進化上のメリットがあったはずだ。

この疑問に対する最も一般的な回答は、顎を射出できることで狩りの成功率が上がるからというものだ。確かに、ミツクリザメの顎の突出距離は頭の長さの32％に達することを考えれば、カエルやカメレオンが舌を伸ばして獲物を捕らえるように、顎が突出することで餌へのリーチを延ばす効果はあるかもしれない。

図１－11　ヒボダス類の頭部の化石（ミュージアムパーク：茨城自然博物館所蔵）

別の回答もある。それは、サメが強い咬合力を手に入れた結果、その副産物として顎を飛び出さざるを得なくなったというものだ。鳥の嘴（くちばし）の形を思い出してほしい。多くの鳥が尖ったピンセットのような嘴を持っている一方で、硬い種子を割ったりする種類は短い嘴を持っている。これは、支点と作用点の間の距離を短くすることで、より効率良く顎の筋肉の力を伝達するための適応と考えることができる。

サメにも同じような進化が起こったと考えると、強い咬合力の獲得とひきかえにサメの顎は短くなったはずだ。ところが、短い顎には大きな問題がある。それは、顎の先端が吻先（ふんさき）まで届かないことだ。その対応策として、摂餌のときだけ顎全体を前に射出できるようにしたというのがこの仮説の概略である。いかがだろうか。私には、これらの説をもって、サメの顎が射出する理由を説明できたとは到底思えない。多くのサメの顎の射出距離は頭部の長さのわずか10％以下にすぎない。距離にしてわずか数センチメートルほどだ。いずれの説においても、顎の位置を数センチメートル前にずらせば解決する問題のように思える。

進化の歴史で最初に顎を射出できるようになった古代ザメを研究し、彼らが顎を突出させることでどんな恩恵を得ることができたのか明らかにできれば、この謎が解けるかもしれない。しかし、我々はまだそのサメのグループの特定すらできずにいる。

食べ物の行方

口から取り込まれた食物は、食道を通り、胃でドロドロに溶かされ、最終的に腸で吸収が可能な分子サイズまで分解される。「食べる」の項の締めくくりとして、食物の終着地、腸の話をしよう。

ひいき目なしにいっても、サメの腸は、脊椎動物の腸の中で最も美しい。円柱形の地味な外見とは裏腹に、内部には工業製品と見紛うばかりの幾何学構造が隠れている。この構造はよく螺旋(らせん)階段に例えられる。腸の内側には、螺旋に巻いたヒダ(螺旋弁という)が格納されており、腸に入った液体状の消化物は、螺旋階段を下りていくように流れていく。この過程で、消化物にふくまれる栄養はヒダの表面から吸収され、残りかすが糞として肛門から排出される。私が調べた限りでは、螺旋の向きは種類によらず常に右巻きだ。一方、螺旋の巻き数はサメの種類によってかなり幅があり、ジンベエザメが100回近くであるのに対して、ツノザメの仲間では20回程度である。この違いが何によるのかいまだはっきりしていない。

厳密にいえば、螺旋構造をもつ腸はサメの特権ではない。同様の特徴は、チョウザメや肺魚といった原始的な硬骨魚類の一部でも見られる。このことから、螺旋構造の起源はサメ以前に遡る――つまり非常に原始的な魚から引きつがれた特徴なのではないかといわれている。ちなみに、約4億年前に生きていた原始的なサメであるクラドセラケの化石にも、螺旋構造をもつ腸の痕跡が残されている。

サメの腸はなぜ螺旋構造なのか

サメの腸の内部はなぜ螺旋構造なのか？　この疑問に対する最も一般的な説明は、腸の表面積を稼いでいるというものだ。サメの腸はとても短い。全長1メートルのサメの腸の長さは5センチメートルほど。つまり全長の5パーセント程度しかない。これは哺乳類ではあり得ない短さだ。一般に、短い腸をもつ哺乳類として例に挙げられるネコでさえ、その腸の長さは体長の3倍程度である。サメは腸の短さを補うために、内部に螺旋構造を進化させ、消化に必要な表面積を稼いでいるというのがこの説の概要だ。

もう一つの説明は、内部が螺旋構造になることで流体抵抗が増し、消化物の滞留時間が長くなるというものだ。腸がホースのように単純な管である場合、消化物は、ほぼ抵抗なく腸を通過し、短時間で体外に排出されてしまう。一方、内部に螺旋構造のあるサメの腸は、螺旋に沿って消化物がゆっくり流れるため、栄養の消化吸収に十分な時間をかけることができるのだという。

これらの説は、確かにサメの腸の内部構造が複雑であるメリットをうまく説明できているかもしれない。だが、表面積を増やしたり、消化物の滞留時間を長くしたりするだけであれば、腸を細長くするなど、もっと別の解決策があっても良い気がする。なぜ、「螺旋」でなければならないのか？　この疑問については、より深い考察が必要だ。

天才が発明した逆止弁

２０２１年、一本の論文が学会を賑わした。タイトルは、「螺旋腸はテスラバブルのように機能する」というものだ。著者は先に登場したアダム・サマーズ博士と彼の学生サマンサ・リー氏である。この論文は、長年の謎「サメの腸の内部は、なぜ螺旋構造なのか？」という疑問をついに解いたのではないかと我々は色めき立った。

この論文の内容に踏み込んでいく前に、まずは天才発明家のニコラ・テスラを紹介しよう。彼は、１８５６年にクロアチアで生まれ、アメリカ合衆国で活躍した発明家である。特に電気や磁気を利用した発明が有名で、彼の名前は、磁場の強さの単位であるT（テスラ）や、イーロン・マスク氏が率いる自動車会社「テスラ」などに見つけることができる。そんなテスラのもう一つの有名な発明が、

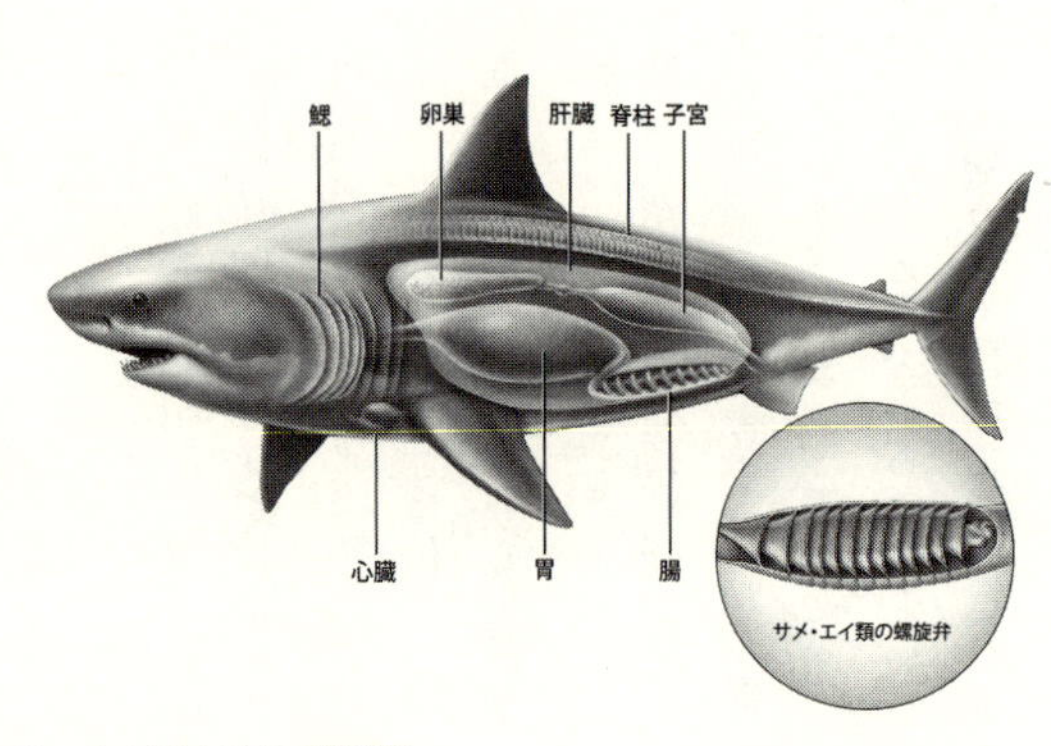

図１－12　ホホジロザメの解剖図

「テスラバルブ」である。これは、水の流れを制御するしくみに関する発明であり、電気も磁気もまったく関係がない。こんな研究分野の幅広さも、彼の天才ぶりをよく表している。

さて、まずは何の変哲もない管に水を流すことを考えてみよう。管の両端をA、Bとするならば、当然A→B、B→Aどちらへも水が流れる。ここで、管の構造に変更を加えて、A→Bには水が流れるが、B→Aには水が流れないようなしくみを考えてほしい。すぐに思いつく方法は、内部に逆止弁をつける方法である。たとえばA→Bに水が流れている時は開いているが、B→Aに水が流れる時だけ閉じる弁を管の内部につければよい。ただ、この方法の問題点は、弁をどうしても可動式にしなければいけないところである。工業製品において可動部分は構造上の弱点であり、長期の使用においてはいずれ壊れてしまう。そこで、テスラはまったく別の方法でこの問題を解決しようとした。彼が考案したのは、ある特殊なパターンにしたがって分岐と合流を繰り返す水路である。驚くかな、この不思議な水路は、A→Bには水がすんなり流れるものの、B→Aには水が著しく流れにくくなる。つまり、この水路の構造は、一切の可動部分がないにもかかわらず、逆止弁と同じ効果が得られるのである。このしくみは、彼の名前をとってテスラバルブと呼ばれている。

さて、サマーズ博士らの論文は何を明らかにしたのだろうか。彼らの行った実験は単純明快だ。彼らは死んだサメの標本から腸だけを切り出した。便宜的に、ここでは腸の上流（胃とつながっている側）をA、下流（肛門とつながっている側）をBとしよう。次に、その腸を、Aが上を向くように天井からつり下げ、Aから液体を注ぎ込んだ。液体は重力に従って腸の内部を通り抜け、Bから流出する。彼らはすかさずBから流出する液体を受け止め、液体の流出速度を測定した。続けて、彼らは天井からつり下げている腸の向きを逆にした。すなわち、Bを上に、Aを下にしたのである。その上で、今度はBから液体を注ぎいれ、Aから出てくる液体の流出速度を計測した。

実験結果は非常に面白いもので、A→Bの時の流出速度に比べて、B→Aの速度はずっと遅かった。重要な点は、実験で使用した腸は死んだサメから取り出されたものであり、すでにまったく動かないということだ。にもかかわらず、液体を流す方向によって流れやすさが変わった――そう、これはサメの腸にテスラバルブに似た機能があることを意味する。つまり、サメの腸は、動かずとも肛門に向かって食物を運ぶしくみを持っている。そして、このしくみを担っているのが内部の螺旋構造だというのが彼らの主張である。

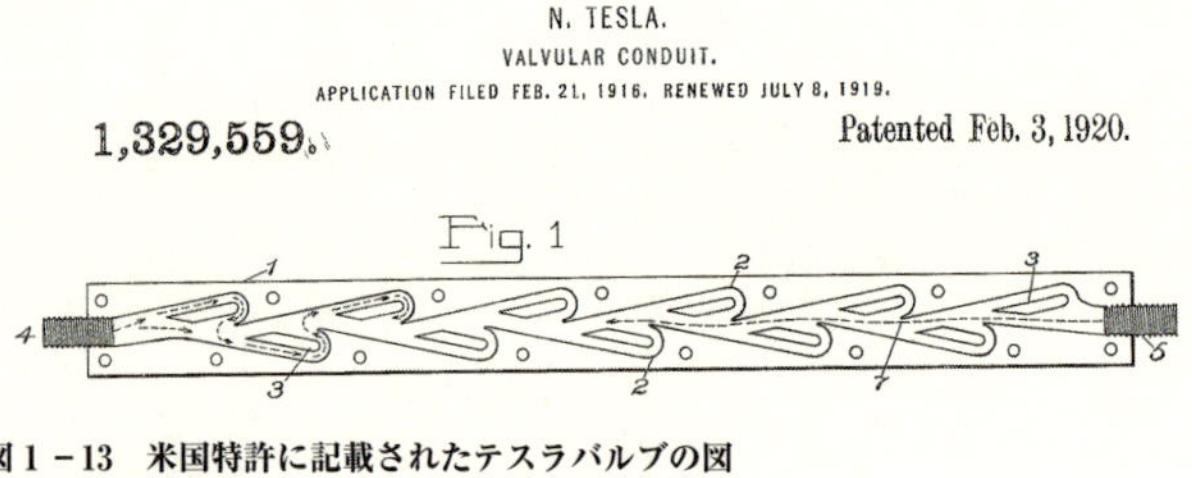

N. TESLA.
VALVULAR CONDUIT.
APPLICATION FILED FEB. 21, 1916. RENEWED JULY 8, 1919.
1,329,559. Patented Feb. 3, 1920.
Fig. 1

図1－13　米国特許に記載されたテスラバルブの図
金属板の内部に分岐と合流を繰り返す水路が通っている。

サメの腸は本当にテスラバルブに似たものなのか？

さて、サメの腸は果たして本当にテスラバルブとして機能しているのだろうか。沖縄美ら海水族館の健康管理チームの村雲清美氏はこの仮説の検証を行った研究者の一人である。現時点で結論が出ているわけではないが、その過程でわかってきたことを少しだけ紹介しよう。

サマーズ博士らの説のいちばんの弱点は、彼らが生きているサメの腸の動きを観察していないことである。幸い、私たちのすぐそばには生きたサメ達がいる。問題は、腸の動きが外からは見えないということだ。そこで村雲氏が目をつけたのは、超音波診断装置（エコー）である。これは高周波の音を動物の体に当てることで、その体内を透視する技術で、その高い安全性から人間では母体内の胎児の成長を見るために用いられている。このエコーを防水、耐圧のケースに入れて持って水中に潜り、サメの側を泳ぎながら腸の動きを直接観察しようというのが彼女の作戦だ。

彼女の1000回以上にわたる観察によりわかったのは、サメの腸はサマーズ博士らが考えていたよりずっと活動的だったということだ。中でも意外だったのは、腸全体を「ねじる」動きが見られたことだ。ねじる方向は常に右向きで、これは内部の螺旋弁の巻きをきつくする方向である。私たちが雑巾をねじって水を絞るように、サメも腸をねじることで内部の圧力を高め、溜まった糞を搾り出しているのではないかと考えている。この「雑巾しぼり仮説」は、サメの腸の螺旋構造の意味についての新しい仮説になるかもしれないが、いずれにせよ「かもしれない」という程度の話だ。

ちなみに、我々はこれらの結果を記した反論論文をサマーズ博士に送った。嫌われることは覚悟の上だ。この論文は、誰よりも先に彼に読んでもらいたかったのだ。後日、彼から「腸をねじっているというあなた方の観察は説得力があると思う」とのポジティブな返答に私はホッと胸を撫で下ろした。いつか我々とサマーズ博士らの研究が合流し、美しい螺旋構造の背後にある美しい物理法則が解明されることを願っている。

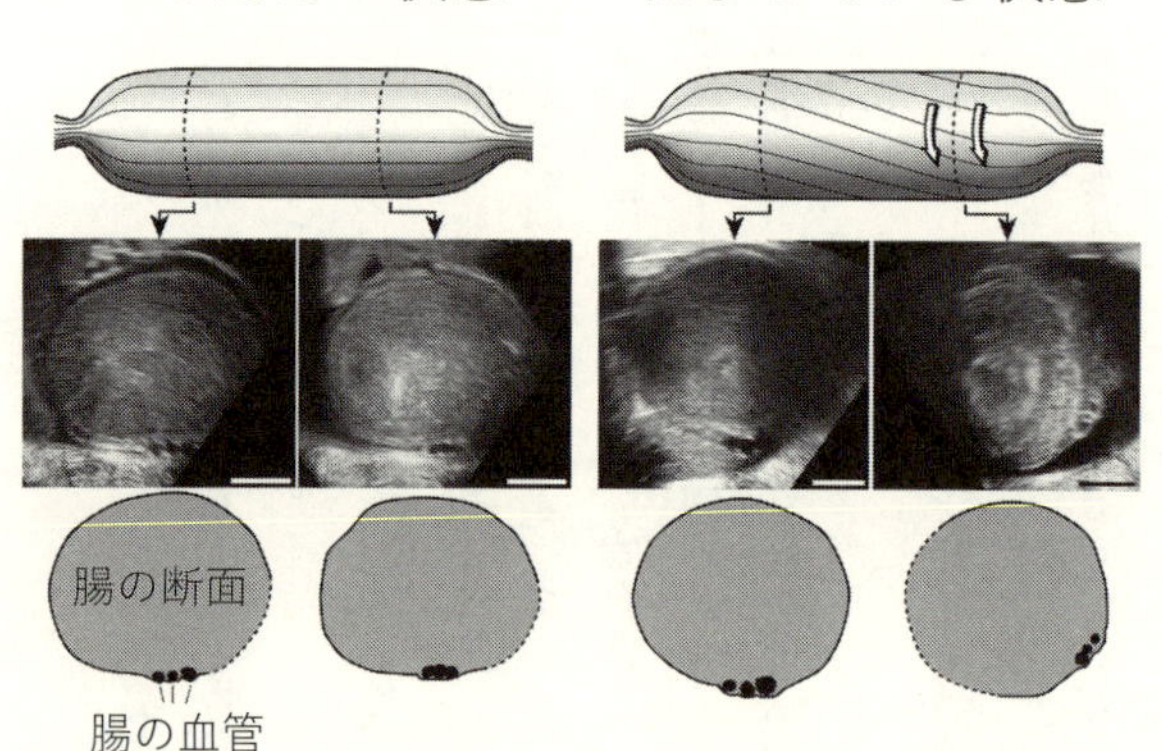

図1－14　エコーで明らかになったジンベエザメの腸がねじれる様子(Tomita et al., 2023)

1-2 泳ぐ

密度800倍、粘性50倍の世界

私たちは流体の中に生きている。私たちの周囲にはぎっしりと、窒素や酸素といった空気の分子が埋め尽くしており、私たちは体を動かすたびに、それらの分子を押しのけている。しかし、それらを私たちが日常生活で感じることはないだろう。なぜなら、それらの分子は気体という状態で存在しており、すべての分子の重さを足し合わせても、1リットルあたり1グラム程度にしかならないからだ。しかし、車、電車、飛行機のような空気中を高速で移動する物体にとっては、周囲を流れる空気の影響は無視できないほど大きくなる。そのため、工業デザイナーは、これらの乗り物の設計をする時には、空気による抵抗がなるべく小さくなるよう工夫している。

一方、サメは我々よりはるかに濃くてドロドロした世界の中で生きている。海水の密度は空気の800倍、粘性は空気の50倍である。このような環境では、ゆっくり動くだけでも周囲の分子から大きな力を受けることになる。実際、水の中で動くのは陸上よりずっと大変だ。オリンピックの水泳選手は50メートルを最短21秒程度で泳ぐことができるが、これは平均的な小学1年生の走る速さの半分ほどにすぎない。

サメの体形

サメの体形は、長細いものから平たいものまでさまざま知られているが、大雑把にいえばすべて流線形だ。水中を泳ぐ生物にとって、胴体の後ろに発生する乱流は特に大敵で、遊泳時の抵抗を大いに増やしてしまう。流線形は、この乱流をなるべく発生させない優れた形状なのだ。ちなみに、2007年ごろに流行っていたレーザーレーサーという競技用水着は顔と腕以外の全身を覆っており、体を厚い生地で締め付けることによって尻や胸などの膨らみをなるべく平面に近づけている。流線形からほど遠い人間の体型を無理やり矯正することで、乱流を減らそうというのがその狙いだ。

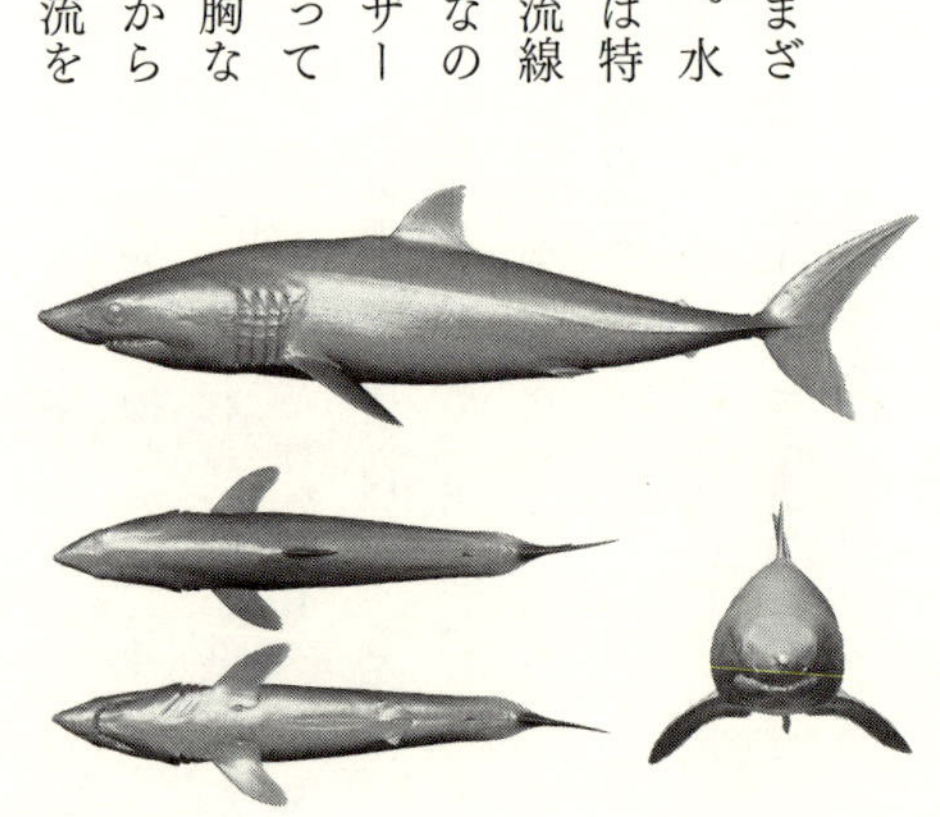

図1－15　さまざまな方向から見たアオザメの体
体の長さと高さの比率はおおよそ5：1だ。CTデータに基づく立体画像。

魚の遊泳の専門家ポール・ウェブ博士の1970年代の著書によると、理論上で抵抗が最小になる流線形は、物体の長さと幅の比が5：1のときだという。高速遊泳するサメとして名高いアオザメの体の長さと幅の比は、ほぼ5：1。まさに自然の脅威といってよい。効率的に泳ぐことを突き詰めた結果、彼らは理想的な体型を手に入れたのだ。

男性固有の問題

乱流を減らすためには、体から出っ張りをなくすことが何よりも重要だ。ところが、その意味において、男にはいかようにもし難い問題がある。それはペニスの問題である。サメをふくめ、体内受精をする（交尾をする）動物にとって、オスのペニスはどうしても体から突出していなければならない。これは水中生活を送るオスにとっては悩ましい問題であり、ペニスが発生させる乱流によって遊泳効率が落ちてしまう。ちなみに鯨類や海牛類は、ペニスを体内に完全に引っ込めることができ、この問題を見事に解決している。

ではサメはこのペニス問題をどのように解決しているのだろうか。この問題に（世界で初めて）光を当てた我々の研究の話に少しおつきあいいただきたい。サメのペニスは2本あり、腹ビレから後ろ向きに生えている。このペニスは、使われない時は尾ビレの付け根あたりに寄りそってぶらぶらしている。ちなみに、専門的には、この突起は哺乳類のペニスとは別物とされ、クラスパーと呼ばれている。

私たちが発見したのは、尾ビレの付け根あたりにある深い溝の存在である。この溝はオスだけに見られ、2本のクラスパーを溝に押し当てるとピッタリと中に収納される。溝の断面の形が絶妙で、クラスパーの断面形状に合うようにできているのだ。しかも、収納されたクラスパーと溝との間の隙間を埋めるためのパッキンのような構造まである。私たちは、合計500尾のオスのネズミザメとアオザメを調査し、クラスパーの成長に合わせて溝が深くなることも明らかにした。この溝は、すべてのサメに存在するわけではなく、高速遊泳をする種類にかぎられているようだ。

私たちは、この溝を「クラスパー・ポケット」と命名し、2021年に論文で発表した。サメはペニスを収納するポケットをもっている——この発見はX（旧ツイッター）上で下ネタ好きの北米の大学生の間で、少しだけ話題となった。

小さい鱗の大きな夢

水中生活をする動物にとって、戦わなければならな

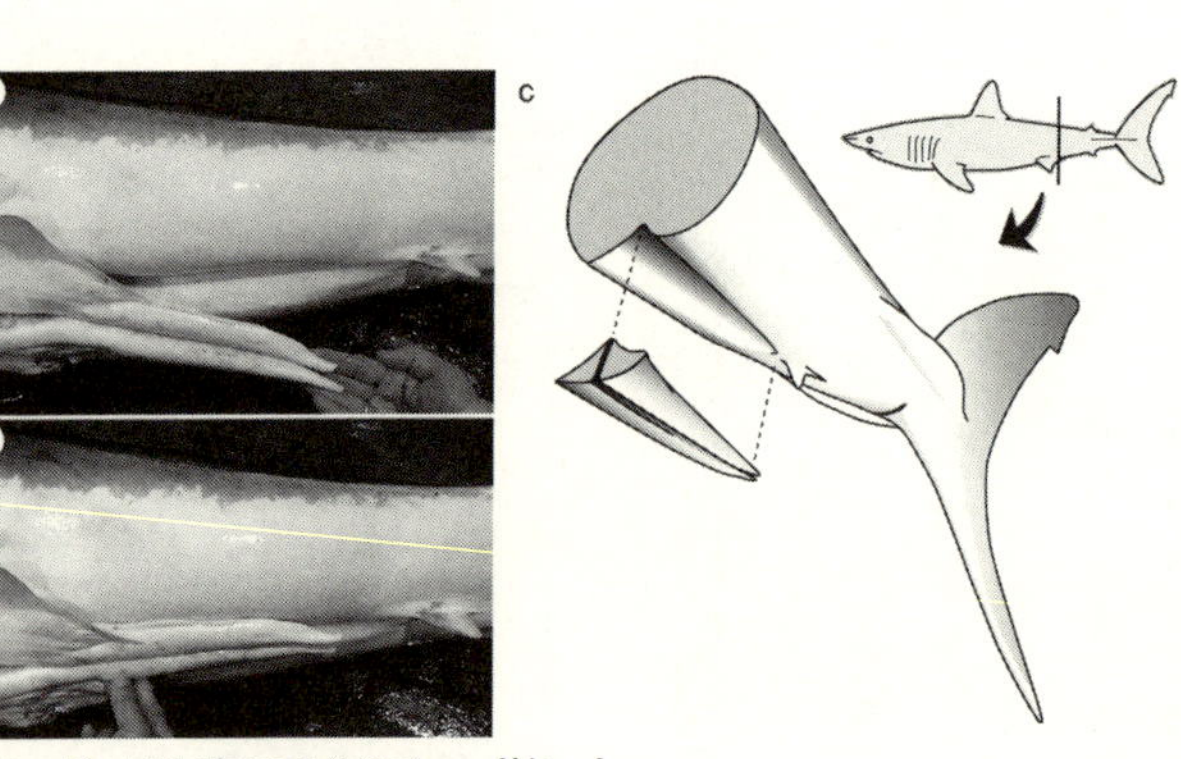

図1－16　アオザメのクラスパー・ポケット
クラスパーをポケットから出した状態(左上)と収納した状態(左下)。ポケットの断面は、クラスパーがぴったり収まる形状をしている(右)。(Tomita et al., 2021)

い相手は乱流だけではない。皮膚の表面にまとわりつく水との摩擦も大敵だ。水の中を移動する物体はその周りの水を一緒に引きずることとなり、これが摩擦抵抗を生む。遊泳中のサメがいかに多くの水を引きずっているかというのは、水族館でジンベエザメの近くを泳いでいる魚たちを見るとよくわかる。時に彼らはヒレの動きを完全に止めている。彼らはジンベエザメと一緒に動く水に乗ることで、労せずして移動しているのである。そんな体の周りにまとわりつく水との間に発生する摩擦抵抗を減らすいちばんよい方法は、体の表面をなるべくなめらかにすることだ。たとえば、鯨類などは祖先がもっていた体毛を完全に失っている。

ところが、この常識を覆す発見がサメの鱗（うろこ）の研究から得られた。サメの体は滑らかで、一見鱗などないように見える。しかし、その表面は1ミリメートルたらずの小さい鱗で隙間なく覆われている。面白いのは鱗の表面構造で、鱗の上面には水の流れの方向に細かい溝が何本も掘られている。溝の幅はサメの種類によって異なるが、おおよそ0・1ミリメートル程度である。このような表面の凹凸は抵抗を増やすことにつながりそうだが、これにどんな意味があるのだろう。

この謎を最初に解いたのは、アメリカ航空宇宙局（NASA）ラングレー研究センターのマイケル・ウォルシュ博士らの研究チームで、彼らは1970年ごろに、表面に並ぶ溝が摩擦抵抗を減らす役割があることを報告した。サメは鱗に小さい溝をつけることで、遊泳効率をあげているというのである。凹凸があることで、かえって抵抗が減るとは不思議な話だが、これは後の多くの実験で確かめられ、「リブレット効果」と名づけられた。

現在では鱗の溝が、水の抵抗を減らすおおよそのメカニズムも明らかになっている。鱗の表面の凹凸で発生するミクロな水の渦がベアリングのボールのような役割を果たして、鱗表面とその上にある水の層との間の滑りを良くする効果があるらしい。この発見は工業製品にも応用され、航空機の翼に溝をつけたシートを貼り付けて、燃費を向上させる試みが行われている。

ちなみに、現在のサメの鱗の研究はさらに先へと進んでいる。北米アラバマ大学のエイミー・ラング博士らの研究によれば、サメの鱗は弾力のある皮膚の上に乗っているため、外部のちょっとした力で角度が変わるという。前方から水が流れているときには、鱗は倒れているが、逆向きの水の流れには、鱗がわずかに起き上がり、逆流を妨げる。これが、泳いでいるサメの皮膚の上を流れる水をミクロレベルで整流する効果があるという。残念ながら、泳いでいるサメの皮膚で本当にそのようなことが起きているのか、我々には知る術がない。しかし、彼女らは、一足先に工業製品に応用すべく実験を進めている。サメの

図1－17　アオザメの鱗の電子顕微鏡写真

小さい鱗には、私たちの生活を豊かにする大きな夢が詰まっている。

サメが水中で沈まない謎

サメは水より比重が大きい。つまり、サメは水に沈むのだ。サメの比重は「アルキメデスの原理」を使えば比較的簡単に知ることができる。1960年代後半、米国のモート海洋研究所のデビッド・バルドリッジ博士は、さまざまな種類のサメを港の岸壁からロープでつり下げ、サメの水中での重さを測定した。この値は水中重量と呼ばれ、水中でサメの体が受ける浮力の分だけ空気中での重量より軽くなる。浮力は体積によって決まるから、空気中での重量と水中重量の差から求めた浮力からサメの体積を知ることができる。最後に空気中での重量を体積で割ればサメの比重が計算できる。彼らの結果によると、サメの比重は海水の1・05倍程度であり、海水よりわずかに重いことが分かる。

一般に動物の体を構成している筋肉や骨格は水より重く、水中生物はそれ以外の場所で体を軽くする工夫をしている。たとえば、多くの硬骨魚類は気体の入った袋（浮き袋）を体内に持つことで、浮きも沈みもしない中性浮力に近づけている。一方、サメは油を巨大な肝臓に溜め込むことによって、比重を小さくする努力をしている。実際、サメの肝臓だけを切り取って水に投げ入れると、浮かぶことが分かるはずだ。中でも深海のサメたちは大きい肝臓を持っており、その大きさは体重の4分の1に達する。それでも、中性浮力には至らないようで、彼らの比重は水よりわずかに大きい。

サメは水に沈む――この事実は、近年まで研究者の頭を悩ませてきた。サメが水より重いのなら彼らは海底に沈んでしまうはずだが、サメは沈むことなく水中を自由に泳ぎ回っている。ここには何らかのしくみが必要だが、その正体が明かされたのは比較的最近のことだ。

「胸ビレ＝翼」仮説

サメの体を浮かせておくしくみはなんだろう？　この疑問に対する答えの最有力候補とされてきたのが、「胸ビレ＝翼」仮説である。これは、飛行機が飛ぶ原理を理解すると分かりやすい。飛行機はおもに鉄の塊であり、それでも墜落することなく空中にとどまることができるのは、翼で発生する揚力によって機体が下から支えられているからである。翼は空気を切るとき、翼の上面と下面で圧力差が生まれ、翼を上向きに押す力、すなわち揚力が発生する。この揚力が重力と釣り合っているかぎり、飛行機は空中にとどまることができる。

1970年代の研究者たちは、サメが沈まない理由も同様だと考えた。サメには、体の横に張り出した大きな胸ビレがある。つまり、サメはこの胸ビレを飛行機の翼のように使い、胸ビレで発生する揚力によって体を支えているのではないかと考えたのだ。この「胸ビレ＝翼」仮説は、多くの一般書に掲載され、さも常識であるかの如く扱われてきた。しかし、意外にも、この仮説の根拠は流体力学にもとづく理論計算であって、生きているサメで確かめられたものではない。

「胸ビレ＝翼」仮説は本当か？

2000年代に入って、ついにこの「胸ビレ＝翼」仮説を検証しようとする研究者が現れた。舞台は米国ハーバード大学である。歴史ある比較動物学博物館の横にある建物に研究室を構えるジョージ・ラウダー博士は、魚の遊泳に関する世界で最先端の研究を行っていた。当時、彼の研究室の博士研究員であったシェリル・ウィルガ博士は、カリフォルニアドチザメという全長50センチメートルほどの小型のサメを使って、胸ビレで揚力が本当に発生しているか確かめる実験に取り組んでいた。彼女が用いていたのは「粒子画像流速測定法」と呼ばれるものだ。水に細かい粒子を漂わせて、そこにシート状のレーザーを当てることで、その平面での水の流れを可視化する技術である。彼女は、微粒子の漂う水槽の中でサメを泳がせ、体の周りで発生する水の流れを観察した。

特に彼女が注目していたのは、胸ビレ周りの水の流れだ。彼女の予想はこうだ。もし、胸ビレに揚力が発生しているのであれば、胸ビレによって押しのけられた下向きの水の流れが起きているはずだ。もし、このような流れが観察できれば、それはサメの胸ビレが翼として使われていることの世界初の証拠となるはずだ。

ところが、実験結果は彼女の予想を完全に裏切るものだった。彼女が期待した下向きの水の流れは観察されなかったのである。これは、胸ビレは翼として機能していないことを示している。代わりに、彼女は胸ビレとは別の場所で下向きの水の流れが発生しているのではと予想した。その場所とは胴体の腹面である。サメの腹側は比較的平らで、ここに水が当たることで体を下から支える揚力が発生しているのではないかというのが、彼女の仮説である。

翼としての役割がないのであれば、胸ビレは何をしているのか？　先の実験で、胸ビレを積極的に動かしている瞬間があった。それは、サメが体の角度を変え、上昇や下降するときである。サメが上昇する時には胸ビレを下向きにねじり、また下降する時は上向きにねじっていた。つまり、サメの胸ビレは泳ぎの進行方向を変えるときの、舵の役割を果たしていると彼女は主張した。

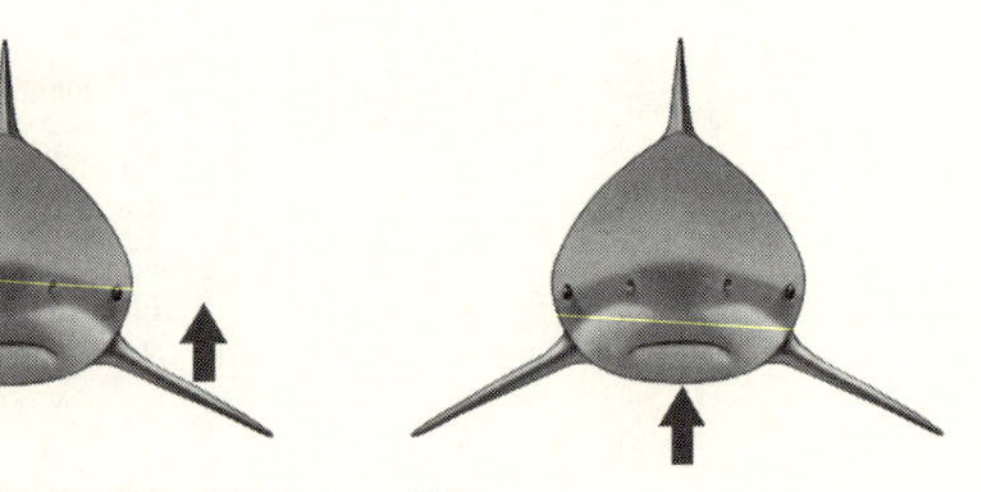

図1－18　サメに発生する揚力に関する二つの仮説
揚力はおもに胸ビレに発生するとする従来の仮説（左）と胴体の腹面に発生するとするウィルガ博士の仮説（右）

ウィルガ博士の研究の落とし穴

ウィルガ博士らの研究は、「胸ビレ＝翼」仮説への強力な反証である。ただ、この結果をもって伝統的な「胸ビレ＝翼」仮説が完全に葬り去られたかといえば、そんなことはないというのが私の意見である。実際、私が観察した多くのサメの胸ビレの断面形状は飛行機の翼にそっくりで、この胸ビレが翼として機能していないというのは、私には到底信じられない。

留意すべきは、彼女がカリフォルニアドチザメという小型で半底生性の種類を実験に用いたことである。このような小型種の胸ビレは光が透けるほど薄く、柔軟性が高い。このような柔軟な胸ビレが、舵として使われるというのはあり得る話だ。ところが、多くの中型から大型の遊泳性のサメの胸ビレはようすがかなり異なる。とても分厚く、あまり自由には動かない。結局のところ、胸ビレの役割は種によってさまざまであり、翼か舵どちらか一方のみが正解というものではないのだろう。「胸ビレ＝翼」仮説の復権を、私はひそかに期待している。

シュモクザメの奇妙な頭

胸ビレと遊泳の関係について議論したからには、シュモクザメの仲間の奇妙な頭についても触れておかねばならない。このサメの名前にある「シュモク（撞木）」とは、鐘を打ち鳴らす木製のトンカチのことで、このサメの横に大きく張り出した頭の形に由来している。頭部の張り出し具合は、種類によって差があり、ウチワシュモクザメのように控えめなものがいる一方で、インドシュモクザメのようにブーメランばりに張り出したものもいる。ちなみに、頭の張り出し具合と胸ビレの大きさには関係があるらしく、頭部が張り出している種類ほど、胸ビレが小さくなる傾向がある。

この奇妙な頭の役割については、立体的な視覚を確保するため、あるいは頭部のさまざまな感覚器官の面積を広げるため、などさまざまな説が唱えられているが、ここでは彼らの遊泳能力向上に役立っているという仮説について詳しく紹介しよう。

奇妙な頭を持つシュモクザメだが、その姿は私にあるものを連想させる。それは1903年にライト兄弟が初めて動力飛行を成し遂げた飛行機、ライトフライヤー号である。この飛行機は主翼の前に、小さい翼がついている。これは前翼といい、傾きを変えることで機首を上下するためのものだ。機体の先端に舵の役目を果たす前翼をつけておくというのは理にかなっている。なぜなら、機体の先端は、機体の傾きを制御する上でいちばん敏感

図1－19　アカシュモクザメ　©アフロ

な場所だからだ。飛行速度が遅く、舵の効きにくいライトフライヤー号にとって、舵の効果がいちばん高い機首の先端に小さい翼をつけておくというのは最適な設計といえる。

この意味において、シュモクザメの幅広い頭部は、舵として最適な場所にある。頭の傾斜角をわずかに変えるだけで、サメの体には大きなモーメントがかかり、サメの急上昇や急下降を可能にするだろう。実際、シュモクザメはエイなどの底生生物を好んで食べており、素早く上昇と下降ができる能力は、彼らの生態にとって都合がよいように思われる。

ちなみに、前翼は一部の戦闘機を除いて、現在の飛行機ではほとんど採用されていない。それは、舵の効きやすさは、機体の安定性と相反する関係にあるからだ。翼の傾きを少し変えるだけで機体の姿勢が大きく上下するということは、逆にいえば操縦を誤れば容易にバランスを崩してしまうということを意味する。現在の多くの飛行機で採用されているのは、飛行機のいちばん後ろに尾翼を設置するデザインである。尾翼は飛行機の上下方向の傾きを自動的に修正するスタビライザーとしての働きがあり、大型旅客機などの安定した飛行に一役買っている。

「シュモクザメの頭部＝前翼」仮説を検証せよ

シュモクザメの頭が前翼の役割を果たしているという仮説はとても魅力的であるが、その検証はとても大変である。この説が成り立つためには、まずシュモクザメが頭部を独立して上下に動かすことができる証拠が必要だ。私たちとちがって明瞭な「首」がないサメにとって、そんな芸当は可能なのだろうか。

これを最も直接的に確かめたのは北海道大学の仲谷一宏博士である。彼は、まずシュモクザメの頭部の解剖を行い、普通のサメとは異なる特徴を見出した。一般に、サメの後頭部の背面には、頭部を後ろに引っ張り、上に反り返らせるための大きな筋肉が存在する。シュモクザメにも当然この筋肉が存在するのだが、面白いのは、その筋肉とは別に、頭部を下に引き下げる巨大な筋肉が存在するのだ。この筋肉は近縁種にも存在はするものの、シュモクザメのものは遥かに大きい。仲谷博士は、頭部を上げ下げするこれら2種類の筋肉こそ、シュモクザメが頭部を前翼として器用に動かす原動力だと考えた。彼は、水族館の協力を得て、飼育下のシュモクザメに麻酔をかけ、水槽中でつり下げた。その上で、2種類の筋肉にそれぞれ電気刺激を与えてみた。結果は仲谷博士の予想通り、これらの筋肉の働きにより、シュモクザメは頭部を大きく上下に動かせることが確かめられた。

シュモクザメの頭部が前翼として高い性能があることを航空力学の視点で確かめた研究も存在する。2020年、ミシシッピ大学のグレン・パーソンズ博士らの研究チームは、コンピューターシミュレーションで、シュモクザメの頭部の周囲で発生する流体の流れを解析した。その結果、頭部をわずかに傾けるだけで、大きな揚力が発生することを明らかにした。

あとは、野外でシュモクザメが頭部を器用に動かして上昇と下降を繰り返しながら海底の餌を探索している現場を押さえることができれば、「シュモクザメの頭部＝前翼」仮説は検証されたといってよいだろう。私が知る限り、この問題に決着をつけたといえる研究はまだなさそうだ。あるいは、シュモクザメの体にカメラを装着して、体と頭部の動きを同時にモニターすることで、私たちが期待しているような結論が得られるかもしれないが、それは今後のお楽しみである。

空気で浮かぶジンベエザメ

水より重たいサメはなぜ沈まないのか？　という疑問に関連して、もう一つ面白い話がある。沖縄美ら海水族館では、給餌タイムにジンベエザメを立ち泳ぎさせている。水面にオキアミなどの餌を撒くと、ジンベエザメは水面に頭を向けて垂直の姿勢を取り、水面に浮かぶ餌を水ごと吸い込んで食べる。これは自然界でも見られる行動で、垂直摂餌（すいちょくせつじ）と呼ばれている。

さて、これの何が不思議なのか？　じつはサメが垂直摂餌を行っているとき、尾ビレの動きが完全に止まっていることがあるのだ。つまり、水より重いはずのジンベエザメが、泳がずに水面に浮かんでいるということになる。

この謎は、まだ完全には解けていないのだが、私たちはジンベエザメの巨体を浮かせている犯人は空気なのではないかと思っている。実際、ジンベエザメが餌を食べているところを観察すると、水と同時に大量の空気を吸い込んでいることが分かる。この空気は口の中だけでなく、さらに奥にある鰓（えら）の周辺にまで入り込んでいる。この大量の空気が生み出す浮力は十分に大きいはずだ。この大私たちは飼育中の全長8・8メートルのジンベエザメの体積を計算し、体を浮かべるのに必要な空気量を計算してみた。その結果、約200リットルの空気があればジンベエザメは水面に浮かぶことが分かった。200リットルと聞くととんでもなく大きい値に感じるが、ジンベエザメの巨体に比べればたいしたことはない。彼らは口先にためた空気だけで、その体を水面に浮かべることができるはずだ。

もし私たちの説が正しいとすれば、ジンベエザメは空気を利用して浮力調節をする数少ないサメということになる。「数少ない」と言ったのは、空気による浮力を利用しているとされるサメがもう一種知られているからだ。それは、シロ

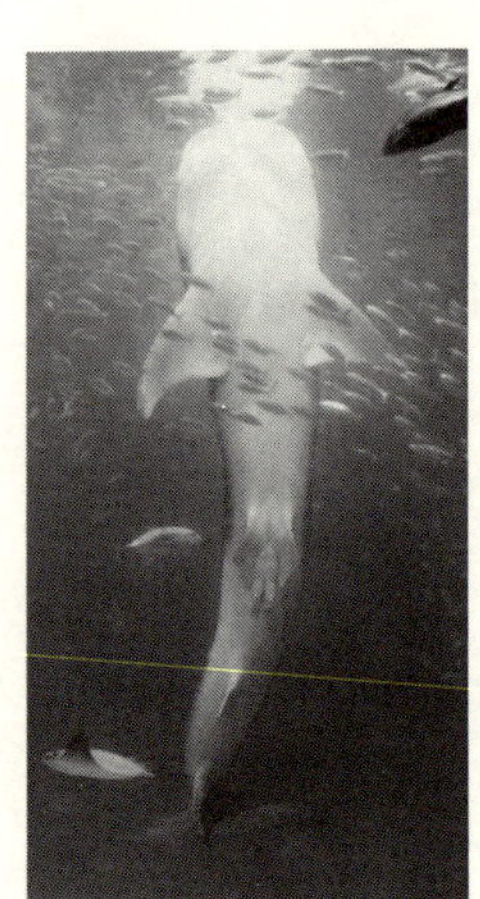

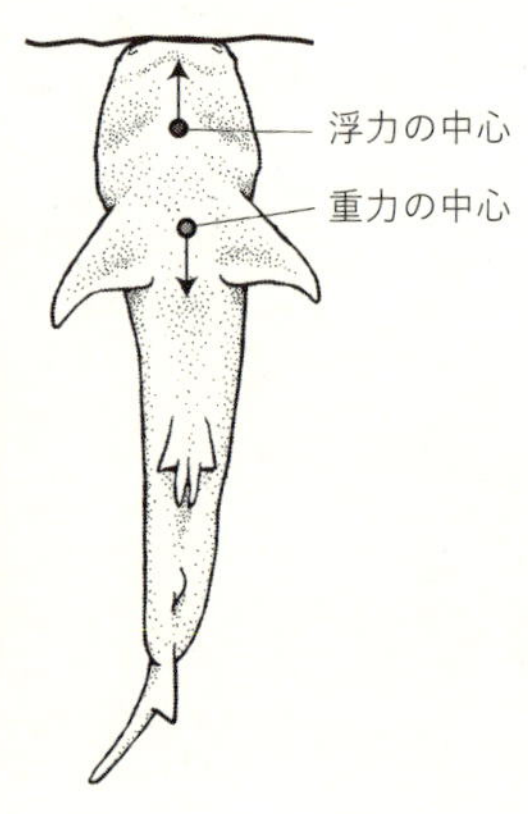

図1－20　ジンベエザメの垂直摂餌
尾ビレを動かすことなく、浮力で水面に浮かぶことができる。

ワニという全長3メートルほどになるサメで、世界各地の水族館で見ることができる。時に、彼らはほとんど水中で静止しており、中性浮力を実現しているように見える。このサメは、水面から顔を出し、空気を飲み込む行動が観察されており、胃に空気をためることで浮力を調整しているらしい。ただし、この方法には問題がある。飲み込む空気の量が多ければ水面に浮いてしまうし、少なければ沈んでしまうのだ。彼らはどのようなしくみで「ちょうどよい」量の空気を飲み込むことができるのだろうか？　餌を食べたとき胃の中の空気はどうなっているのか？　これらはまだ謎のままだ。

サメの重力との静かなる戦い。これには、まだ解かれていない、多くの不思議が残されている。

1-3 拍動する

サメの心臓

1秒間に1－2回。この本を読んでいるあなたの心臓は、このくらいの頻度で収縮と弛緩を繰り返し、全身に血液を回している。この回数は、運動をすると1・5倍ほどまで跳ね上がる。運動をしている最中、あなたの全身の細胞はエネルギーを生産するために大量の酸素を必要とする。この酸素を補うため、心臓はより激しく拍動し、全身に酸素に富んだ血液を送り届けているのだ。

サメの心臓は人間に比べて随分簡単な作りに見える。中学校で習った方も多いかもしれないが、私たちの心臓は4つの部屋で構成され、これらの部屋が連動することで、全身に血液を循環させている。一方、サメの心臓は2つの部屋しかない。まず、全身を回った血液は、第一の部屋「心房」に入る。心房は薄い筋肉でできた、大きく伸び縮みする袋である。心房に入った血液は、第二の部屋「心室」に送られる。心室の壁は分厚い筋肉でできており、心室に入った血液はその筋肉の収縮により、力強く心臓から押し出される。心臓を出た血液は、すぐ下流にある鰓で酸素を受け取り、全身を回って再び心臓に戻ってくる。

じつは、ここに個人的な一つの不思議がある。この不思議さを共有していただくために、まずは水の性質について一つ解説しよう。まっすぐな管に水を通すことを考えてみてほしい。管の太さが変わらなければ、管の中の水の圧力は入り口から出口まで大きくは変わらない。では次に、管が途中で細くくびれている場合を考えよう。このとき、くびれの前後で水の圧力は大幅に低下する。この圧力の低下を圧力損失と呼ぶ。配管にいかに効率よく水を通すかを考えるためには、この圧力損失をいかに減らすかということが重要になってくる。

さて、サメの場合はどうか。サメの心臓から出たばかりの血液は、心臓の強い筋肉の力で押し出され高い圧力を保っているはずだ。ところが、その血液は鰓を通る過程で血球がぎりぎり通れるくらいの細い血管に枝分かれして進み、鰓を通過したあと再度合流する。ここでの圧力損失はとても大きいはずだ。であれば、鰓を通過した血液は、低い圧力で全身を循環し、体の隅々まで酸素を送り届けなければならない。

じつは、この圧力損失の問題を私たち陸上生物はうまい方法で回避している。陸上生物の場合、鰓の代わりの役割を担っているのが肺である。心臓を出た血液は、まず肺に向かう。この血液は肺の細い血管を通過し、そこで酸素を受け取る。サメと決定的に異なるのはこの後だ。肺を通った血液はそのまま全身に送られるのではなく、一度心臓に戻される。そこで再度加圧されてから全身に送り出されるのだ。前半の心臓→肺→心臓の血液の流れを肺循環、後半の心臓→全身→心臓の血液の流れを体循環と呼ぶ。

ではサメは、鰓による圧力損失の問題をどのように

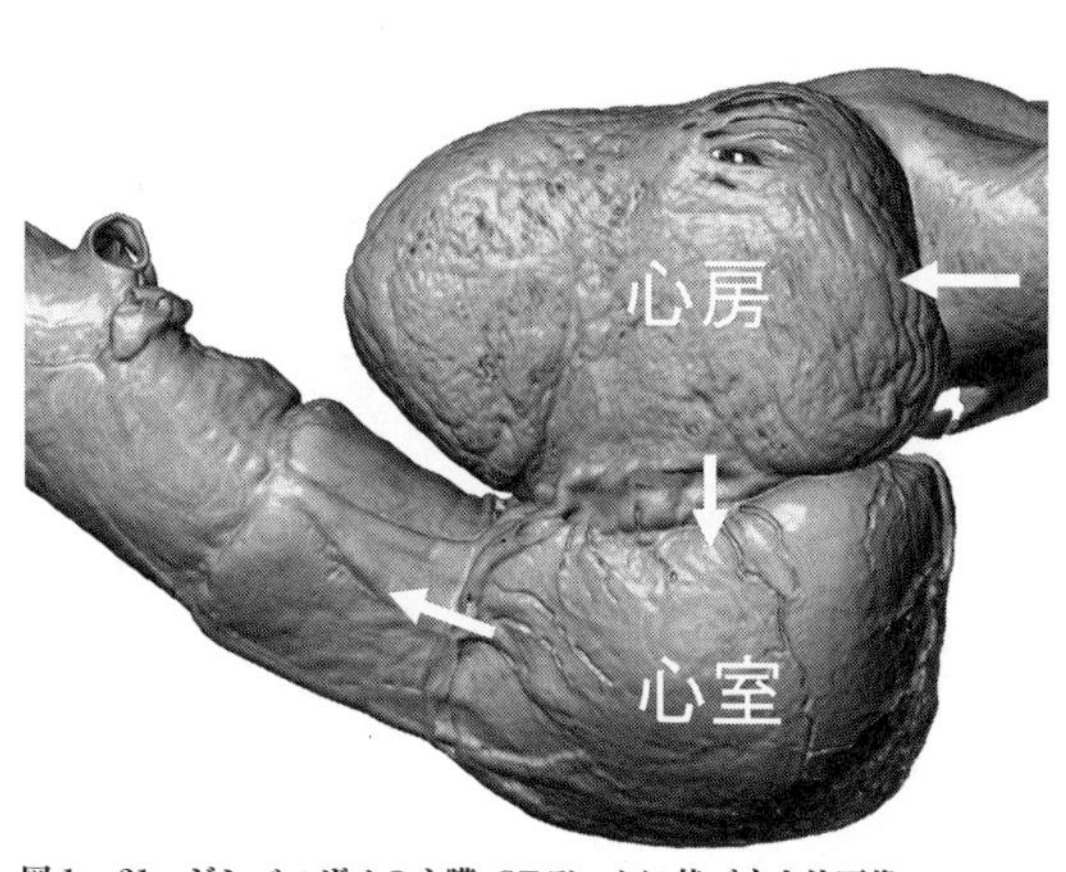

図1－21　ジンベエザメの心臓。CTデータに基づく立体画像

解決しているのだろうか。この謎は十分に解かれていないように思われる。遊泳による規則的な体の動きが、血液を循環させるポンプの役割を果たしているという説もある。実際、水族館でサメを特殊なトラックなどで輸送する時、血液の循環を滞らせないために、飼育スタッフがサメの尾ビレを人為的にゆり動かすといった対策が取られることがある。さらに、本来の心臓とは別の場所に、血圧を戻すための第二、第三の心臓がある可能性もある。一見奇妙に思われるかもしれないが、サメより原始的な特徴をもつ魚といわれるメクラウナギには、体の少なくとも5ヵ所に本来の心臓とは別の心臓をもつことがわかっており、サメの体のどこかに未発見の心臓があってもまったく不思議ではない。実際、底生のサメの中には、尾ビレに脈動する血管をもつ種が存在するという報告もある。

サメの心拍

あなたの心拍数を知る方法は簡単だ。片方の手で、もう一方の腕の手首を挟み、そこを流れる血液の脈動を数えればよい。ところが、サメの心拍数を測ることはそう簡単ではない。最も一般的に行われている方法は、心臓が収縮するときに発生する電気信号を読み取る方法だ。人間ドックなどで行われている心電図と基本的には同じ方法である。

人間の場合、胸から脇腹にかけて皮膚に吸盤を貼り付ける。吸盤には電気を通す電極がついており、電極間の電位差を見ることで心臓が発生するわずかな電気信号を捉えるというしくみだ。サメの場合は、もっと直接的な方法を用いる。手術で心臓の入っている部屋に直接電極を埋め込むのだ。海水は電気をとても通しやすいため、電気信号の「雑音」にあふれている。そのため、心臓のすぐ近くに電極を設置することで、本来の心臓の電気信号に聞き耳を立てる必要があるのだ。

実際の大変さもあってか、サメの心拍数の測定はここ50年の間に片手で数えられるほどの報告しかない。体重1キロから10キロ程度の小さいメジロザメの仲間を中心に調査が行われてきたが、毎分50回程度の種類が多いようだ。私たちの心拍が一分間で60－100回程度であることを考えれば、やや少ないくらいの値といえるだろう。ちなみに私たちと同様、サメも運動中は心拍が上がることも確かめられている。

ジンベエザメの心臓

ここは、沖縄美ら海水族館の一室。私たちは、健康管理チームの村雲氏のパソコンを覗いている。その黒い画面の中央には、大きな白い影が映っている。この影は、急に縮んだかと思うと、ゆっくりと拡がる。その場からは「ほぉー」とため息が漏れる。何を隠そう、我々が覗き込んでいたのは、ジンベエザメの心臓の拍動を捉えた世界初の映像だ。

バレーボール――これが最大の魚類、ジンベエザメの心臓のおおよその大きさだ。じつは、ジンベエザメのような巨大な生物の心拍数を測ることはきわめて難しく、科学的にも未開拓の研究分野の一つだ。実際、9メートル近い巨体に水中で外科手術をほどこし、心臓の近くに電極を埋め込むなどということは不可能に近い。

そこで村雲氏は、まったく別のアプローチで心臓の動きをモニターすることにした。それは、先に紹介した水中エコーを使う方法だ。ダイバーが水中エコーを持って水槽に潜り、心臓から出る太い血管の拍動を見ることで、心拍数を計測しようというのが彼女の作戦だ。こうして得られたのが、ジンベエザメの心拍映像なのだ。

努力の末に得られたジンベエザメの心拍のデータはじつに興味深いものだ。心拍数は、1分間でわずかに10回程度。この回数は、これまで知られているサメの心拍数の中で最小であるだけでなく、脊椎動物の中でも最小のものの一つだ。同じく巨大な脊椎動物であるヒゲクジラの仲間も10回程度らしく、ジンベエザメと同じくらいである。一般的に、体の大きな生物ほど心拍数が減る傾向にあることが知られており、ジンベエザメの低い心拍数も、彼らの巨体ゆえと考えられる。大型生物の心拍数が低いことは、体が大きいほど体重あたりのエネルギー効率が上がることと関連があるとされているが、そのメカニズムはいまだに解明されていない。

我々の調査によれば、ジンベエザメの心拍数は季節によって大きく変動するようで、夏の間は

18回くらいまで上昇するが、冬は7回程度まで減少する。年間ほとんど心拍数の変わらない、我々哺乳類からすると、これは奇妙に思われるかもしれない。しかし、これは彼らが変温動物であること、すなわち体温が周囲の環境で変化する動物であることを考えれば自然なことだ。体温が高い夏の時期は、体が欲する酸素量が増えるから、心拍数を上げて、より多くの血液を体に循環させなければならない。一方、冬は酸素の必要量が減るから、心臓が送り出さなければならない血液量も少なくなるというわけだ。

射精と心拍の奇妙な関係

唐突だが、セックスは死と隣り合わせの行為である。これは、医学的には性交死と呼ばれ、圧倒的に男性に多いことが知られている。射精直前の興奮状態において、男性の心拍と血圧は急激に上昇し、心拍数は通常時の1・5倍ほどにもなる。これは激しい運動をした時とほぼ同じといってよい。その結果、稀なケースではあるが心不全や血管破裂を起こして死にいたることがあるのだ。

この興奮状態は、射精したあと脳から出るホルモンにより急激に抑制され、射精前の冷静さを取り戻す。これは、射精後不応期、俗に「賢者タイム」と呼ばれる。この射精に向かう心拍の急上昇と射精後の急下降は、人間だけでなく哺乳類一般にみられるパターンであることが知られている。射精後の強烈な心拍の抑制の進化学的要因はよくわかっていないが、交尾終了後に直ちに冷静さを取り戻すことが、外敵に襲われるリスクを減らす役割があるとの説があるようだ。

水族館で飼育されているジンベエザメを調査している過程で、たった一回ではあるが射精直前のオスのジンベエザメの心拍数を測定したことがある。現在、沖縄美ら海水族館ではオスのジンベエザメを単独で飼育しているのだが、夏になると定期的な射精行動を見せる。彼は射精前に水族館の壁を覆っているシートに噛みついたり、クラスパーを動かしたりと、まるで本物の交尾行動のような激しい行動をする。我らが村雲氏が、そんな射精直前のジンベエザメに水中エコーを持って突撃し、心拍数を測ってきた。興奮状態で、さぞかし心拍数が上がっているかと思いきや、我々の予想は完全に外れた。その値は、1分間に約5回。これは、この時期の平均心拍数の約半分であるだけでなく、私たちが6年間にわたって測定し続けてきたジンベエザメの心拍数の最小記録である。

じつのところ、この事実をどうとらえたらよいのか私たちもとまどっている。人間であれば、興奮状態でいちばん心拍が上がっていそうなタイミングで、これほどまでに心拍が下がっているとは。一回の観察で大それたことをいうつもりはないが、哺乳類とサメとでは、交尾中のホルモンの制御機構が異なっていることを示しているのかもしれない。サメにも性交死はあるのか？——これは大変興味深い問題だが、その答えは今後の研究を待たねばならない。

プランクトン食者の心臓の特徴とは

ジンベエザメの心臓を調査している過程で、もう一つ面白い研究成果が得られた。これは東京慈恵会医科大学の平崎裕二博士らとの共同研究によってわかったことだ。じつは、動物の心臓の筋肉（心筋）は、大きく分けて二つに分類できる。一つは、筋繊維が網目状のネットワークを作る海綿状心筋。もう一つは、一定方向の筋繊維が密に配列する緻密心筋である。重要なのは、これらの心筋の役割が異なることだ。大雑把にいえば、海綿状心筋は平常時に心臓を動かすために使われている筋肉であるのに対し、緻密心筋は激しい運動をしたりするときに血圧を一気に上げるために使われる筋肉である。海綿状心筋はノーマル用、緻密心筋はブースト用といってもよいかもしれない。

平崎博士らはジンベエザメの心臓の壁の断面を顕微鏡で観察し、そのほとんどが海綿状心筋であり、緻密心筋は表面のごく薄い層にしか存在しないことを明らかにした。これはつまり、ジンベエザメがプランクトンを主食とし、ほとんどの時間をゆったりと泳いでいることと関係しているのではないかと平崎博士は考えている。心臓は全体的な形だけでなく、その細部においても、彼らの生活を色濃く反映しているのである。

サメの寒さ対策

生物を指して、電気じかけの機械と呼ぶことがある。これは生物の体が神経を通る電気信号によって制御されていることを指した比喩表現である。一方で、生物の細胞の中で起こっている反応は、基本的にすべて化学反応であり、その意味で生物は化学じかけの機械ともいえるだろう。

この視点は、生物にとって、なぜ温度が重要かということを教えてくれる。化学反応の速度は基本的に温度に依存する。大雑把にいえば、一般に化学反応速度は10度下がるごとに、約半分に下がってしまう。これは、温度の低い場所で生活している生物にとっては大きな制約になっている可能性がある。実際、変温動物であるサメのエネルギー消費量は、海水温が10度下がるごとにおおよそ半分になることが知られている。

このエネルギー消費量と温度の関係はおそらくサメの生活スタイルとも密接に関連している。たとえば、深海や極域など水温が低いところで生きているサメは、一般的にスローライフを送っており、動きが遅く、成長もゆっくりだ。北極圏に生息するニシオンデンザメなどはその典型で、遊泳速度は時速1キロ程度とサメの中で最も遅いものの一つで、大人になるまで150年ほどかかるのではないかと推定されている。

水温の問題は外洋の比較的表層を生きているサメにとっても例外ではない。彼らの多くは深海を餌場としており、時に表層より20度以上も冷たい水域に潜らなければならないこともある。水深ロガーを外洋性のサメに装着すると、深海に一気に潜ってしばらく過ごしたのちに、また一目散に表層に戻ってくるということを一日に何度も繰り返す、「ヨーヨー遊泳」と呼ばれる行動が見られる。これは、深海でしばらく時間を過ごすと体温が下がってしまうので、定期的に表層に戻って体を温めている行動であると解釈されている。

温かい体を維持するサメたち

周囲の環境で体温が下がってしまう問題を、驚くべき方法で解決しているサメがいる。そのサメとは、ホホジロザメに代表されるネズミザメ科の仲間である。じつは、彼らは巧妙な方法で体温を水温より高く保っており、冷たい海の中でも活発に活動することができる。体に温度計を埋め込んで体温を測定すると、たとえば、ネズミザメの場合、水温が8・5度ほどの環境でも、中心部の体温は26度程度に保たれている。

寒いところで温かい飲み物を冷めないようにする道具といえば、魔法瓶が思い浮かぶだろう。この容器の外壁は二重構造になっており、その間を真空に近い状態にしている。真空状態は熱伝導率がきわめて低いために、中の液体の熱が簡単には容器の外に逃げないようなしくみになっている。このように、物体の外側の熱伝導率を低くすることで熱を逃しづらくする方法というのは、寒い環境で生きる生物でも見ることができ、たとえばオットセイなどの鰭脚類の体は厚い脂肪で覆うことで熱の放出を抑えている。

一方で、ネズミザメの仲間はそれとはまったく異なる方法で高い体温を維持している。少しややこしいが、面白いのでぜひ最後までついてきてほしい。まず、冷たい海をホホジロザメなどのネズミザメの仲間が泳いでいる状況を考えよう。彼らが温かい体を維持するには熱源が必要だが、それは彼ら自身の筋肉からの発熱だ。魚の胴体の筋肉には大きく分けて2種類あり、その色の違いから赤色筋、白色筋と呼ばれている。この2種類には使い分けがあり、赤色筋は長時間泳ぎ続ける時に、白色筋は餌をとる時など急発進する時におもに用いられている。

ネズミザメの仲間のような外洋性のサメの赤色筋は常に活動しており、そこから発生する熱はバカにならない。彼らは、この熱を効率的に蓄えるために、体にある改変を加えた。それは赤色筋を体のなるべく中心部に位置させたことである。一般的に、魚の赤色筋は体の表面近くにあり、そこで発生した熱はすぐに体表から逃げてしまう。一方で、ネズミザメの仲間の赤色筋は、体の中心部に近い背骨のすぐ横に位置しており、熱が簡単には逃げないしくみになっている。

彼らの体温を維持するためのしくみはこれだけではない。そのしくみを一言でいいあらわすとすれば「熱交換器」ということになる。冷たい水の中を泳ぐサメにとって、いちばん熱を奪われる場所は鰓だ。鰓は表面積が広いだけでなく、血液が皮膚直下を流れており、その血液は冷たい海水によってキンキンに冷やされてしまう。この冷たい血液が体の中心部に流れ込むと、サメは文字通り、体の芯から冷えてしまうことになる。そこで、ネズミザメの仲間はこの問題を回避するために、鰓で冷えた血液を一度加温してから体の内部に送り込んでいる。そして、このヒーターとしての役割を果たしているのが、赤色筋を通過して温められた血液なのである。赤色筋を通過した血液は、鰓からの血液と直接混ざり合うことはないが、これらの血管は互いに並んで配列しており、血管の壁を通して熱だけを交換している。ちなみに、この「熱交換器」は赤色筋の脇に設置されており、奇網（きもう）と呼ばれている。

じつは、これとほぼ同じしくみが、まったく独立に硬骨魚類のマグロ類でも進化したことが知られている。彼らもネズミザメの仲間と同様、赤色筋を体の中心部に移動させ、奇網を進化させた。これほどまでに複雑な機構を生物は2度も手に入れるとは。これにはただただ驚嘆するより他はない。

1-4 息をする

私たちの肺はなぜ不合理なのか？

機能形態学者として生物の体を見ていると、その合理的なデザインに感動することがある一方で、こう作ったほうが効率が良かったのではと思うこともある。そんな「不合理な」デザインを持つのが我々の肺である。

あなたは、この本をいまどこで読んでいるだろうか。通学あるいは通勤電車の中だろうか、あるいは就寝前のベッドの上だろうか。そんなあなたがページをめくっている間、片時も休まず、あなたの胸はゆっくり上下している。この胸の動きこそ、私たちの呼吸を駆動している原動力だ。胸が拡がると、膨らんだ肺には新鮮な空気が気管を通って流れこむ。肺の表面には網の目のように血管がはりめぐらされており、そこで空気から酸素を取り込み、同時に不必要な二酸化炭素を排出する。ガス交換を終えた空気は、肺を潰すことで気管を通って体外に排出される。

このしくみの不合理な点は、肺の出入り口が一つしかないため、新鮮な空気と古い空気が同じ通路を通らなければならないことである。息を吸っている間は息を吐けないし、逆もまた然り。私たちがこの非効率なしくみを採用している理由は、肺がもともと魚の浮き袋、つまり食道から分岐した袋から進化したからだと考えられている。

サメの呼吸のメカニズム

サメをふくめ魚の呼吸のしくみは、我々の肺と比べてずっと合理的だ。酸素を取り込む器官である鰓の収まっている部屋は、二つの開口部で外界とつながっている。一つは口の中への開口部。もう一つは鰓孔(さいこう)、すなわち「えらあな」だ。前者から水を取り入れ、後者から排出する。つまり入り口と出口を別に用意することで、一方向の流れで新鮮な水をスムーズに鰓に送り届けるしくみになっているのだ。

サメの呼吸の巧妙なところは、これだけではない。彼らの呼吸のしくみは、「二重ポンプ（dual pump）システム」と呼ばれる。まずは、水を押し出すポンプが二つ連結しているしくみだということだけ理解しておけば大丈夫だ。

二重ポンプシステムのしくみは、バケツリレーに似ている。A氏とB氏が協力して池から水を汲み上げ、水槽に溜めることを考えてみよう。まずAが水を汲み上げ、Bに手渡す。Bは受け取ったバケツの水を水槽の中に注ぎ入れる。Bが水を水槽に注ぎ入れている間、Aは新たに池から水を汲み上げ、そのバケツを水を入れ終えたBに手渡す。あとはこれを水槽がいっぱいになるまで繰り返す。Aは水を汲む係、Bは水を溜める係と、2人が役割分担をすることで効率の良い作業が可能になる。

サメの呼吸において、Aの役割を果たしているのが、「口腔（こうくう）」と呼ばれる口の中の空間だ。舌を押し下げて口腔を拡げると、口を通って外から新鮮な海水が流れこむ。一方、Bの役割を果たしているのは、「鰓腔（さいくう）」と呼ばれる鰓を収納している空間である。鰓腔は、口腔から水を引き入れ、酸素を吸収したのち鰓孔から外に水を排出する。鰓腔から水が排出されている間、口腔には次のサイクルのための水が引き入れられている。

なお、サメの口腔と鰓腔の内の圧力変化を実際にモニターした研究によると、現実はもう少し複雑なようだ。たとえば、口腔を広げて口から水を引き入れている途中で、鰓腔は早々に鰓孔からの排水を終了し、フライングして口腔から水を引き入れ始めるらしい。

いずれにせよ、この呼吸方法は、口腔と鰓腔という二つの空間の体積変化によって駆動されており、これが二重ポンプシステムと言われるゆえんである。ちなみに、鰓腔とは一つの大きな部屋ではなく、頭の左右に5個ずつ、合計10個の小部屋に分かれている。水族館に行ったら、水槽の底で休んでいるサメをじっくり見てほしい。口と鰓孔を交互に動かしていることに気づくはずだ。なお、魚のこのような二重ポンプシステムを使った呼吸方法のことを、専門用語で「口腔ポンプ換水（buccal pumping)」と呼ぶ。

サメのもう一つの呼吸法

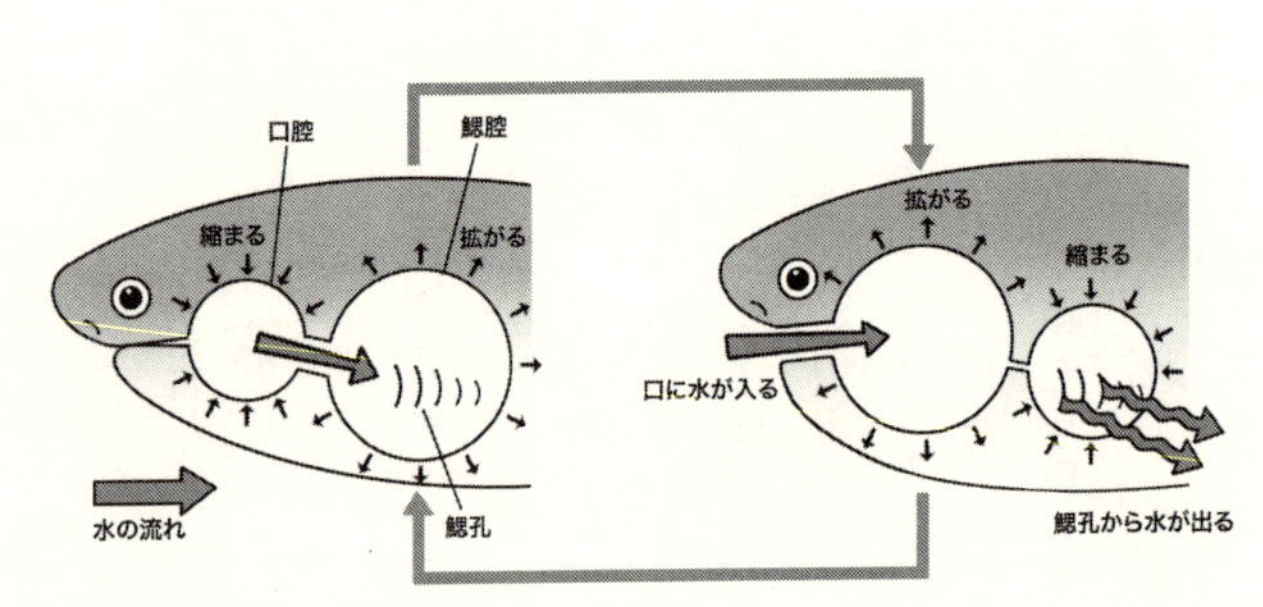

図1－22　二重ポンプシステム
口腔と鰓腔を交互に縮小/拡大することで水を口から鰓に送っている。

サメには口腔ポンプ換水の他に、もう一つの呼吸法がある。「サメは泳ぎ続けないと呼吸できない」という話を聞いたことはあるだろうか。実際、一部のサメは口腔や鰓腔を動かして水を循環する能力を持たない。彼らは、口を少し開けて泳ぎながら、口から流入してくる水を鰓に通して呼吸をしている。このような呼吸方法のことを「ラム換水（ram ventilation）」という。ちなみにラムとは、「ぎゅっと押し込む」という意味で、雄羊のラムと同じ語源だ。雄羊が押し合いへし合いしているようすがその意味の由来だろうか。おそらく、ずっと遊泳しているサメにとっては、遊泳によって自動的に入ってくる水の圧力を利用したほうが、口腔ポンプを稼働させるより効率がよいのだろう。

「泳ぎ続けないと呼吸できない」サメは多くはなく、外洋で一生を過ごすアオザメのようなごく限られた種類のみのようだ。大多数はラム換水と口腔ポンプ換水を併用している。たとえば、ツノザメの仲間では、遊泳時はラム換水を行っているが、海底で休息するときは口腔ポンプ換水を行っているようすを水族館で見ることができる。

ニョロニョロの呼吸法

サメの基本的な呼吸方法が口腔ポンプ換水であるということをご理解いただいたうえで、一つ面白い話がある。皆さんはニョロニョロというキャラクターをご存じだろうか。フィンランドの作家トーベ・ヤンソンによる作品『ムーミン』シリーズに出てくる謎の生物だ。体は白色で棒状、体の両側に繊維状の手のようなものが生えている。じつは、サメの胎仔は成長の過程でニョロニョロにそっくりな姿になるときがある。頭の両脇から長いフサフサが大量に伸びているのだ。よほど生物に詳しい人でなければ、この生き物が、数ヵ月後に見慣れたサメの姿になるとは夢にも思うまい。

水族館に就職する前、北海道大学で博士研究員をしていた私は、この奇妙な姿に心奪われた。教科書を読むと、このフサフサは外鰓といって胎仔特有の鰓だと書いてある。長く線維状に伸びた鰓が、鰓孔から体の外に飛び出しているのだという。ところが、その先の謎、なぜサメの胎仔がこんな奇妙な鰓を持っているのかという点については、どこにも説明が書かれていなかった。

私は研究の手始めに、トラザメの胎仔をシャーレの上に置き、顕微鏡で観察することにした。胎仔の全長はまだ3セン

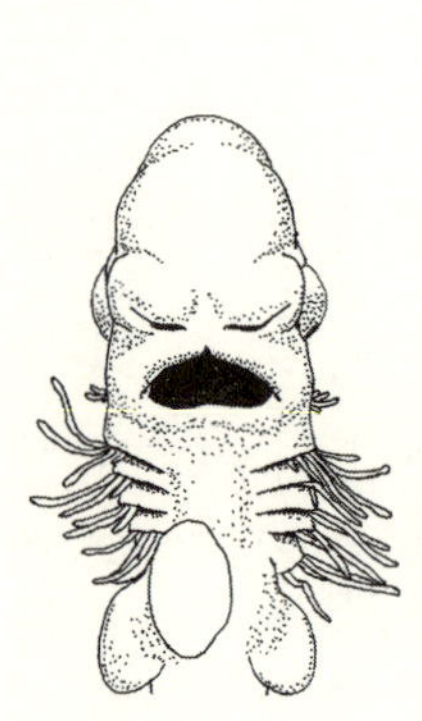

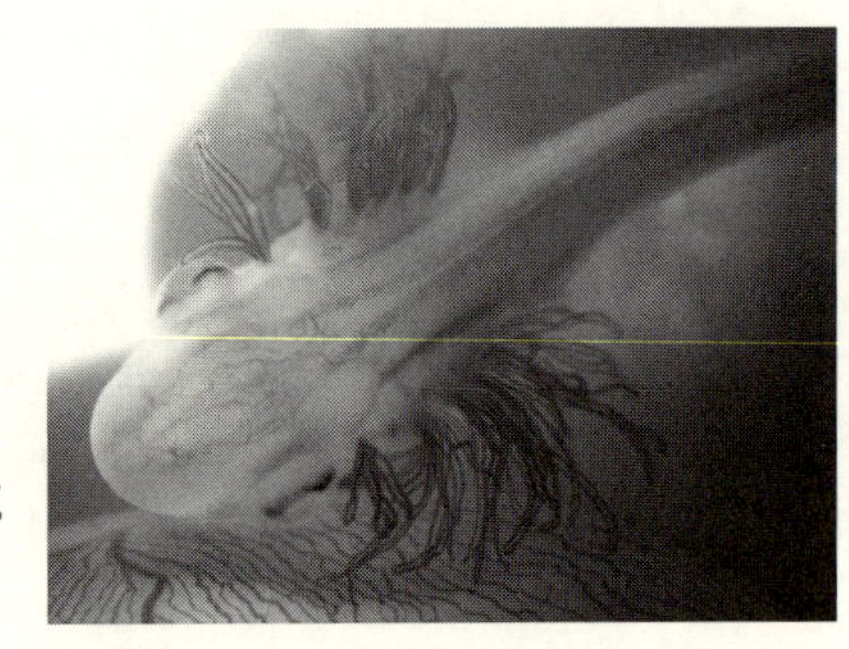

図1－23　外鰓が伸びたトラザメ胎仔

チメートルほどしかない。顕微鏡の視野の中で、半透明の胎仔が落ち着きなく頭を左右に振り続けている。観察を続けている中で、ある重要なことに気がついた。それは、彼らが口をまったく動かさないことだ。

後にわかったことだが、彼らは口を動かさないのではない。動かせないのだ。この時期の胎仔は、まだ口を動かすのに必要な骨格も筋肉もできあがっていない。この事実を知ったとき、私はすべての謎が解けていくのを感じた。口を動かせないサメの胎仔は、口から鰓に水を引き込むことができない。つまり口腔ポンプがまだ稼働させられないのだ。こんな状態では鰓孔の内側に鰓があったところで、十分に酸素を取り込むことはできないだろう。その対策として、胎仔は鰓を鰓孔の外に露出することで、外界から直接酸素を取りこむことにしたのだ。そう考えると、落ち着きなく頭を振っている胎仔の行動も納得できる。水中を繊維状の鰓がフサフサとなびくことで、鰓の表面は常に新鮮な水に触れることができる。ちなみに、この説を裏付けるように、胎仔が成長とともに口を動かし始めると、繊維状の鰓は急速に失われ、魅力的なニョロニョロはあっという間に見慣れたサメの姿に変化してしまう。

噴水孔（ふんすいこう）――0番目の鰓孔

水族館に勤務していると、来館者に「サメの耳穴」について聞かれることがある。呼吸と深く関連する話なので、最後にこの構造について少し触れておきたい。確かにサメの頭を見ると、私たちの耳の位置に目立つ穴が空いている。その時の教科書的な解答は、「あれは耳穴ではなく、噴水孔という呼吸のための穴です」ということになる。

　噴水孔の穴の奥をたどっていくと、その先は口の中につながっている。進化学的には、噴水孔は特殊化した鰓孔だとされている。サメの左右5対の鰓孔（第1〜第5鰓孔）に対して、噴水孔を「0番目の鰓孔」と呼ぶこともある。ちなみに、鰓孔だった時の名残なのか、噴水孔の中には擬鰓（ぎさい）と呼ばれるミニチュアサイズの鰓がある。

　噴水孔が特殊化した鰓孔だというのはよいとして、他の鰓孔と機能に違いはあるのだろうか？　じつは、噴水孔は他の鰓孔と水の流れる方向が逆であると言われている。先に解説した口腔ポンプ換水のしくみを思い出してほしい。鰓孔は、水の排出口として使われていた。しかし、噴水孔は、その逆、つまり水を外界から取り入れる吸水口として使われている。

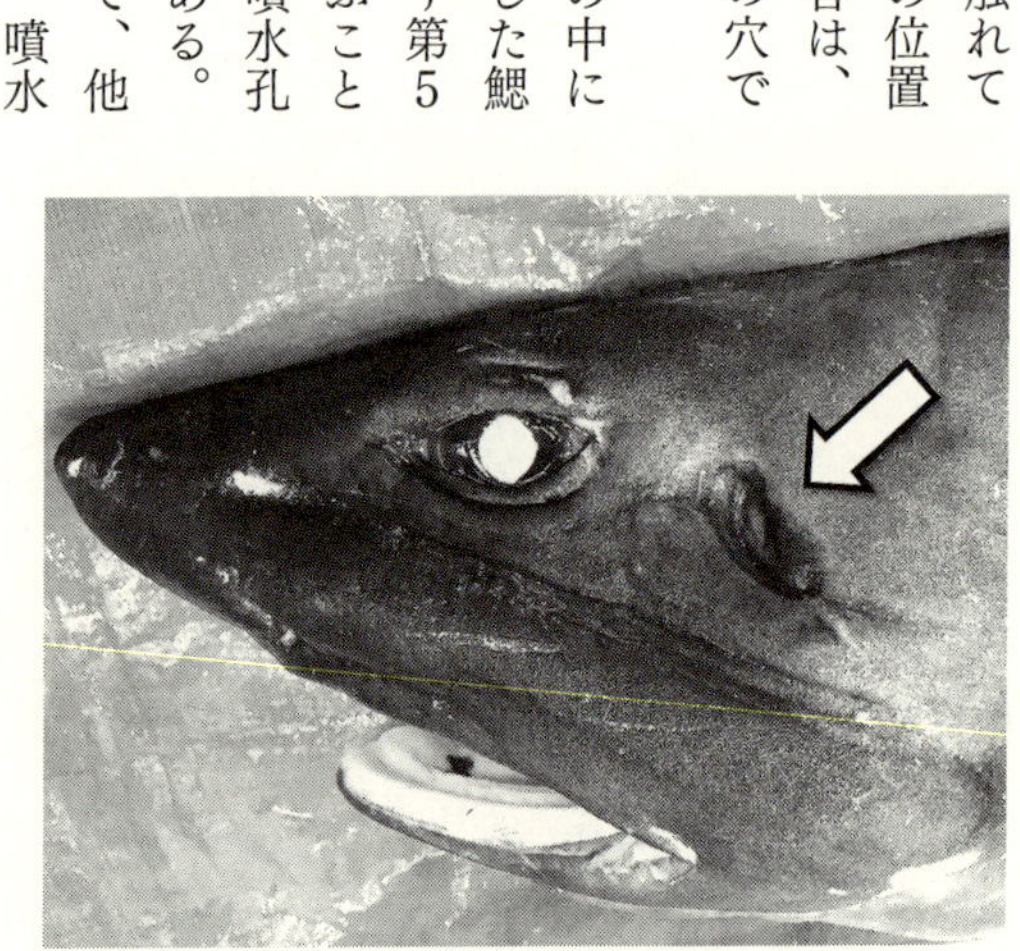

図1－24　チヒロザメの噴水孔

口とは別に吸水口を用意しておくというのは、特に底生性のサメにとっては重要である。なぜなら、彼らが口から呼吸のために水を吸おうとすると砂が口の中に入ってきてしまうからだ。その対策として、彼らは背中側に開いた噴水孔から、新鮮な水を口腔内に引き込んでいる。つまり、彼らは噴水孔を、口の代わりの吸水口として利用しているのだ。ちなみに水族館では、エイの噴水孔の近くに餌のイカなどを持っていくと、噴水孔から吸い込んで食べることがあるらしい。鼻からうどんを啜(すす)る芸人のようだ。

噴水孔の中の迷宮

噴水孔は、呼吸のための吸水口である——これは教科書的に正しい。ただ、噴水孔にはこれだけでは終わらない謎が潜んでいる。私たちが噴水孔の本当の面白さに気づいたのは、ある観察がきっかけだ。2017年、私は沖縄美ら海水族館の戸田実氏とネコザメの噴水孔の近くに墨を流して、吸い込まれていく水の流れを観察しようとしていた。しかし、私たちの予想に反して、その墨が噴水孔の中に吸い込まれていくことはなかった。つまり、すべてのサメが噴水孔を吸水口として使っているわけではないようなのだ。

噴水孔の内部はきわめて複雑だ。実際、噴水孔の内部構造は科学技術が進んだいまも十分に理解されていない。噴水孔から続く管は曲がりくねっているだけでなく、顎と鰓の骨格の狭い隙間を通っており、その立体構造を把握するのがきわめて難しい。同じ場所を血管や神経などさまざまな管が通っており、メスとピンセットのみでその全貌を明らかにするのは不可能に近い。事実、同じ種類のサメの噴水孔の構造について調べた複数の論文の記述が、互いに食いちがっているということもある。迷宮入りとはこのことだ。

私たちも、液浸標本の噴水孔にエポキシ樹脂を流し込み、X線コンピュータ断層撮影装置（CTスキャナー）で噴水孔の内部構造を調べたことがある。噴水孔の内部は単純な管ではなく、少なくとも二ヵ所で分岐しているようだ。面白いのは、ある研究者らがそのうちの一本の枝をたどっていき、その先端に数ミリメートルの隠し小部屋があることを発見したことだ。しかも、この小部屋の壁には、電子顕微鏡でやっと見える程度の微細な感覚毛がびっしりと生えているらしい。彼らはこの謎の小部屋を「噴水孔器官」と名づけ、何らかの感覚センサーであると推測しているが、その機能はいまだ不明だ。驚くべきことに、近年の研究で、この噴水孔器官が発生初期のネズミの胎仔にあることが発見され、謎はますます深まっている。

何歳の時だったか、私が小学校の図画工作の授業を受けていた時のことだ。生徒の描いた水彩画が一枚ずつ黒板に貼られ、他の生徒たちの前で先生から講評を受ける。あなたの絵のこの点はよかった、しかしこの点は悪かったから次回は頑張ろう、というコメントを先生から頂戴するのである。私の絵画が張り出されて、先生からあたえられた講評は、「木の幹が緑色に塗られていますが本当の色は茶色です。次は形だけでなく、色もよく観察して絵を描いてみましょう」だった。いまでも覚えているくらいに、当時の私にとってこのコメントは不可解だった。なぜなら、私は現実に見えている色をなるべく忠実に画用紙の上で再現していたのだから。

皆さんもお気づきのことと思うが、この出来事は私の色認識の特性からきている。私は赤緑色覚障害者であり、赤と緑の区別がつきづらい。これらの色がくすんでいるときはなおさらだ。じつは、私と同様、生まれつき、これらの色の区別がつきづらい人が一定数存在する。これらの区別のつきづらさの度合いにはかなりの個人差があり、その線引きが曖昧なことから、近年では色覚多様性という捉え方をされることが多いらしい。

ここで強調しておきたいのは、木の幹が緑である世界こそ、私が認識する「現実の世界」だということだ。世界とは結局のところ、自然界にあふれているさまざまな情報を我々の感覚器が認識し、脳の中に再構築しているものにすぎない。感覚器の特性が異なれば、認識する世界もちがうということだ。

この項では、サメの感覚器の話をしたい。これは、サメの感覚器が私たちと比べて優れている（劣っている）という話ではなく、サメの感覚器の特性を知ることで、彼らが世界をどのように認識しているかを明らかにしようという試みである。

サメは色を見ているか

サメの背ビレが忍び寄り、最初の犠牲者の鮮血が飛び散る——というのはサメが登場する映画のお約束であるが、その時サメは血の赤色を見ているのだろうか。サメに色覚はあるのかというのは大変興味深い問題だが、それに答える前に、まずは我々の目がどのように物体を見ているかという話をしたい。

動物の目の原理を非常に良く再現している工業製品がある。それは、デジタルカメラである。デジタルカメラのしくみを単純化すると、以下のようなものになる。まず、物体から出た光はカメラのレンズを通り、カメラの内部にあるスクリーンに投影される。このスクリーンの表面には、数百万個の微小な光センサー（イメージセンサーという）が並んでいる。光センサーの正体は半導体ダイオードと呼ばれるもので、センサーで受け取った光エネルギーを電気信号に変換している。その電気信号は画像処理装置に送られ、そこで他の光センサーからの情報と統合されて一枚の画像が出来上がる。

動物の目のしくみは、これとほぼ同じである。物体を出た光は、レンズ（水晶体）を通り、スクリーン（網膜）に投影される。ここには、光センサー（視細胞）が無数に並んでいる。光センサーの実態は細胞内のオプシンという特殊なタンパク質であり、センサーが受け取った光エネルギーを電気信号に変換している。この電気信号は、視神経を通って画像処理装置（脳）で統合され画像が生成される。

さて、我々の目が色を見るしくみは、光センサーを詳しく知ることで理解できる。じつは、我々の目の光センサーは3種類あり、それぞれS錐体、M錐体、L錐体と呼ばれている。重要なことは、これらの3種類は中に含まれるオプシンの特性により、それぞれ反応する光の波長が異なることだ。具体的には、S錐体は波長の短い青色に、L錐体は波長の長い赤色に、そしてM錐体は両者の中間的な波長の緑色に強く反応する。わかりやすさのために、ここでは3種の光センサーを、それぞれ青色センサー、緑色センサー、赤色センサーと呼ぶことにしよう。

網膜のある場所に光が届いたとしよう。するとその部分にある、青色センサー、緑色センサー、赤色センサーがそれぞれ電気信号を出し、脳でこれらが統合される。すると、私たちにはそれぞれ色の電気信号の強さに応じて青緑赤を混色した色として認識される。人間が認識できる色は、赤緑青という光の三原色の混合によって表されるとされるが、これは人間の光センサーが赤緑青の3種だからである。ただし、人によっては遺伝的にこの光センサーの数が3より少ない場合があり、たとえば1種類しか持たない場合は一色覚と呼ばれ、色を識別することができない。

さて、ここでサメに色覚があるかどうかという問いに戻るとしよう。この問いは、サメには何種類の光センサーがあるかという問いに置き換えることができる。2020年に行われた西オーストラリア大学のネイサン・ハート博士らの研究によれば、調査されたサメにおいて光センサーは1種類しかないことが示された。この結果は、彼らは一色覚、つまり色を識別することができないということを示している。一方、エイは一般的に2種類の光センサーを持ち、我々に比べ色数は少ないものの確かに色を識別しているらしい。ちなみに、一部の硬骨魚類は光センサーを4種類以上持っており、私たちより豊かな色彩感覚を持っている。

この話には重要な続きがある。エイとサメの光センサーを比較することで面白いことが明らかとなったのだ。エイが持つ2種類の光センサーをここでは仮にAタイプ、Bタイプと呼ぶことにしよう。では、1種類しか光センサーを持たないサメは、AタイプとBタイプどちらの光センサーを持っているのであろうか。答えは、種によってまちまちで、Aタイプを持っている種類もあれば、Bタイプを持っている種類もある。この状況は何を意味しているのだろうか。ハート博士らは、以下のようなシナリオを考えている。おそらく、サメとエイの共通祖先はAタイプ、Bタイプの2種類の光センサーを持っていた。おそらく色も識別できただろう。しかし、サメは進化の過程で系統ごとにそのどちらか一方の光センサーを失うことで、色覚を失ったのではないだろうか。つまり、サメはもともと色が見えなかったのではない。進化の過程で色を見る能力を捨てたのだ。ここにどんな理由があったのか、という点については謎のままである。

サメは夜目が効くか

さて、解説の都合上、私たちの目の光センサーは3種類（青色センサー、緑色センサー、赤色センサー）あるとして話を進めてきた。しかし、本当は、この3種類に加えてもう1種類存在している。このセンサーはいわば「高感度光センサー」といえるもので、わずかな光を捉えることに特化している。このセンサーの正式名称は桿体(かんたい)細胞といい、光を感じ取るアンテナ部分が長く伸びていて、細胞全体が桿(さお)（細長い棒）のような形をしているのがその名前の由来である。この高感度光センサーは一種類しかなく、色を感じることはできないが、物体から出るわずかな光を認識することで、通常の光センサーの働かない暗闇で視覚を得るのに重要な働きをしている。いわゆる「夜目がきく」というのは、この高感度光センサーの能力のことをいっているのである。

さてサメの目にこの高感度光センサーは存在するのか。先のネイサン・ハート博士らの研究によれば、答えは「イエス」である。彼らが調査したすべての種類のサメの目から高感度光センサーが発見されており、サメは暗闇で物を見ることが得意な動物だと言えるだろう。しかも、面白いことに一部のサメでは視細胞は高感度光センサーのみとなっており、通常の光センサーは失ってしまっているようである。彼らは高感度光センサーのみで視覚を得ているらしい。

サメは、この高感度光センサーをいったい何のために使っているのだろうか？　暗闇で物が見えるということは夜間や深海において餌を探索するのに役に立ちそうだが、本当のところはよくわからない。

そのヒントになりそうな研究が、当時理化学研究所にいた工樂樹洋（くらくしげひろ）博士らによって行われた。彼らはジンベエザメの遺伝子情報を解読し、このサメの高感度光センサーにふくまれるオプシンの特性を調査した。この結果わかったのは、ジンベエザメの高感度光センサーは青色の光を見るためにチューニングされているようだということだ。海中で青色の光がある世界といえば、真っ先に思い浮かぶのは深海である。太陽光は深海まで届く間に赤色などの波長成分を失い、青色の波長のみとなる。つまり、青色に特化した高感度光センサーは、深海のわずかな光を捉えるのに都合が良さそうなのだ。ジンベエザメは時々1000メートルを超える深海に潜ることが知られているが、もしかすると彼らのそんな生態と関連しているのかもしれない。

目を防御する方法

目は動物の体にとって最大の弱点の一つである。光を効率よく捉えるために、目はどうしても体の表面に露出させておかねばならない。しかし、これは重要なセンサーを危険な外界にさらすことを意味する。この問題を解決するために我々が採用しているしくみが瞼（まぶた）である。瞼は筋肉で可動する薄い皮膚であり、カメラのレンズキャップのように目を物理的に覆うことで表面が傷つくのを防いでいる。ちなみに、私たち陸上生物の瞼には定期的に目を瞼で覆うことで、乾燥から目を守るという役割もある。

　では、サメはどのような方法で目を守っているのだろうか。おそらく最も一般的な方法は、我々のように瞼で目を覆う方法である。その典型がトラザメの仲間で、私たちが、どちらかといえば上瞼（うわまぶた）を主に動かしているのに対して、彼らは主に下瞼を上に引き上げることで目を覆っている。この方法の特殊な例がメジロザメ類に見られる「瞬膜」である。彼らの目の周りの皮膚は一見まったく可動性はなさそうに思えるが、じつは下瞼が眼球の下に格納されている。この瞼は必要に応じてせり上がり、目の表面を覆うようになっている。ちなみに、同じく瞬膜と呼ばれるものは、爬虫類や鳥類、一部の哺乳類にも存在する。しかし、彼らの瞬膜は、下瞼の内側にもう一枚ある「第三の瞼」ともいえるもので、下瞼そのものが変化したメジロザメ類の瞬膜とは起源が異なる。

　さて、面白いのはここからだ。サメの仲間には瞼以外の方法で目を守っている仲間が存在する。第一の方法が、ホホジロザメに見られる目玉を裏返すという方法である。眼球の中で最も怪我のリスクが高いのは、瞳部分である。眼球の瞳以外の部分は軟骨の硬い殻で守られているのだが、瞳を守ってくれるのはレンズの外側にある角膜と呼ばれる薄い皮膚しかない。そこで彼らは、目玉を後方に大きく90度ほど回転させ、瞳部分を完全に眼窩の中に隠してしまう。このような方法は、ジンベエザメやその仲間たちでも見ることができる。

目を守る方法のバリエーションはこれだけではない。それは、目玉を眼窩の奥に引っ込めてしまう方法である。私たちの目の奥はすぐに頭蓋骨と接しており、目玉を奥に引き込むことはほとんどできない。ところが、一部のサメやエイは、目玉の奥に大きな空間があり、その中に目玉を引き入れられるようになっている。その能力が最も高いのは、エイの仲間である。私たちの水族館で調べたトンガリサカタザメ（というエイ）の目の移動距離は約4センチメートルで、じつに目玉の直径分に相当する。目玉を引っ込めることができる脊椎動物はカエルなど他にもいるが、私たちがトンガリサカタザメで測定した距離は脊椎動物で最大であり、この記録はいまだ破られていない。ちなみに、ジンベエ

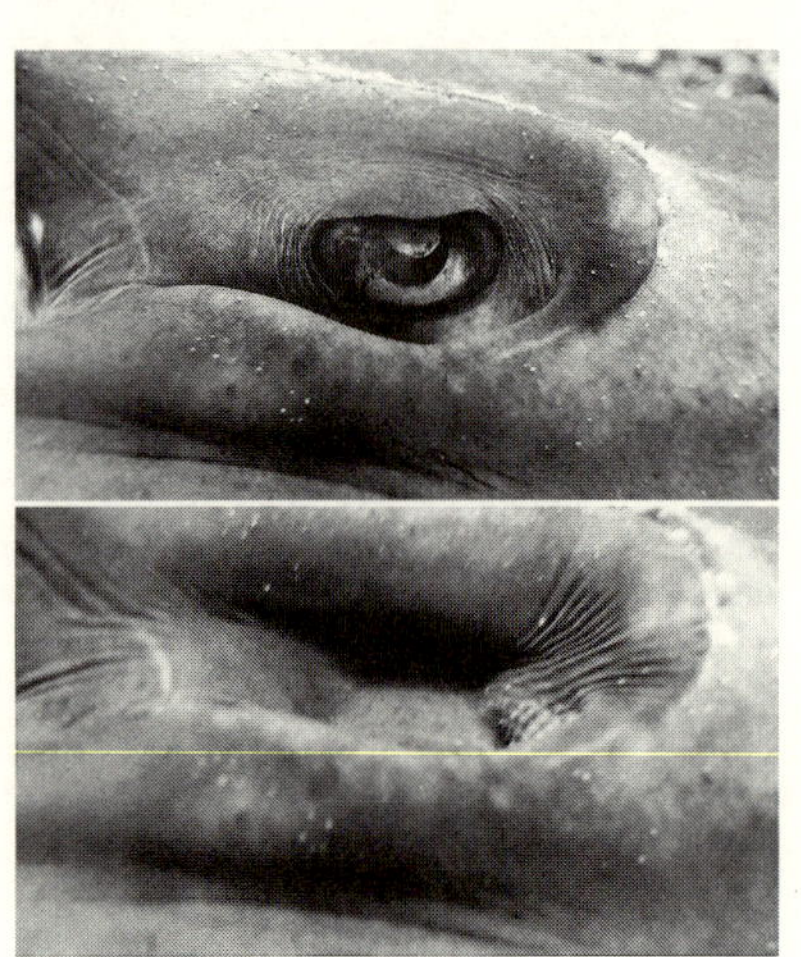

図1－25　目玉を引っ込めるトンガリサカタザメ
通常の状態（上）と引っ込めた状態（下）（Tomita et al., 2016）

ザメもこの能力を持っており、私たちの調査によれば、その移動距離は3センチメートル程度で、目玉の直径の約半分くらいだ。

鎧で覆われた目

２０２０年、私たちはジンベエザメの目に関して、一つ面白い発見をした。その話を最後にさせていただきたい。

そのきっかけは何げないものだった。私は同僚の宮本圭氏と水族館の標本棚の片付けをしていた。標本棚には、貴重な生物標本のほかに、いずれ研究しようと思って忘れ去られた標本が並んでいる。プラスチック製の標本瓶の蓋には埃がかぶり、その埃にはカビが生えている。私たちはそんな標本を一つ一つ取り出しては、蓋をぬぐい、蓋に貼られたラベルを読み、しかるべき場所に収めていく。その中に、「ジンベエザメ眼球」と書かれた瓶があった。中には、テニスボールくらいの大きさの目玉がホルマリンに浸かっている。瞳の部分には、カッターで大きく2本の切れ込みが入れられている。これは、中にホルマリンが浸透しやすくするための処置で、網膜を研究するために採集されたものであることが分かる。

ジンベエザメの目玉の入った瓶を手に取った宮本氏は、奇妙なことに気がついた。その白目の部分が紙ヤスリの表面のように小さい粒々に覆われていたのだ。その場で彼と一緒に標本を観察した私は確信した。この粒々は鱗だ。そして、これが新発見につながりそうな予感があった。

その夜、自宅で脊椎動物の目玉の構造に関する論文を読み漁った結果、予感は確信に変わった。現時点で目玉に鱗が生えている脊椎動物は発見されていない。つまり私たちは「目玉に鱗を持つ脊椎動物」を世界で初めて発見したのだ——。我々はこの標本を調べる過程でもう一つ面白い事実に気がついた。この目玉の鱗は、体の別の場所を覆っている鱗とは形が異なるようなのだ。我々は、この眼球を、沖縄科学技術大学院大学（ＯＩＳＴ）の研究者である甲本真也博士のもとに持ち込み、マイクロＣＴによる観察を依頼した。この装置は、非破壊で、骨などの硬組織の微細な立体構造を観察することができる優れものだ。その結果明らかになった鱗の形状を見て、私は大喜びした。鱗の上の面には、分岐する

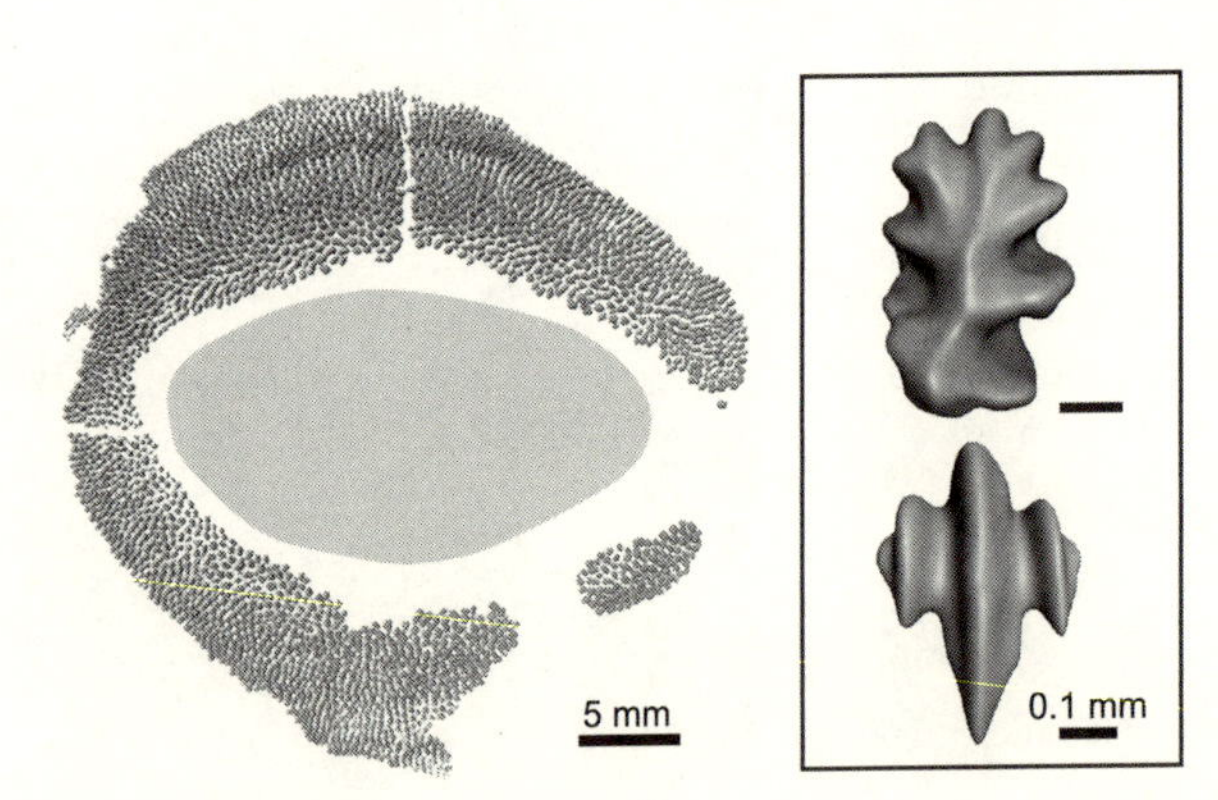

図1－26　ジンベエザメの目玉の鱗のCT画像
瞳の周りを2900枚の鱗が取り囲む（左）。目玉の鱗（右上）は体の鱗（右下）とは形が異なる。（Tomita et al., 2020）

「稜線」のようなものがあり、それが植物の葉の葉脈のような模様を描いているのだ。こんな鱗は見たことがない。たとえるならば、柏の葉っぱのような形といえるだろうか。

さて、この奇妙な形の鱗の機能はなんだろうか。この疑問へのヒントと呼べるものは、意外にもいまから50年ほど前に出版された一連の論文から見つかった。執筆したのは、有名なドイツ人進化生物学者であり、サメに並々ならぬ関心を寄せていたヴォルフ・エルンスト・ライフ博士である。彼は、多様なサメの鱗の形状を、持ち主の生態との関連性から5タイプに分類しているのだが、その中で「耐摩耗型」の例として挙げられていたネコザメの体表の鱗のスケッチに私の目は吸い寄せられた。そこには、あの「柏の葉」の鱗が描かれていたのである。彼のいう耐摩耗型とは、サメが岩などの硬いものに体を擦り付けた時に皮膚が傷つかないように守っている鱗のことを指している。鱗の表面が簡単に削れてしまわないように、表面に分厚いエナメル質と象牙質の層を持っているという特徴がある。

ライフ博士の論文にもとづき、私はジンベエザメの目玉の鱗は、不慮の事故から目の表面を守る「鎧（よろい）」なのではないかと考えている。ジンベエザメの目は、幅広い頭部の両端についている上に、眼窩からかなり飛び出している。このいかにも容易に擦りそうな目をいかにして守るかというのは、彼らにとって重要な問題なのだろう。その結果、彼らが獲得したものが、目の表面を覆う鱗であり、先に述べた眼球を裏返し、引っ込ませる能力なのではないだろうか。

これらの発見は、ジンベエザメの視覚に関するある言説を払拭するものではないかと思っている。その言説とは、ジンベエザメは視覚が弱い生き物だということである。たとえば、ディズニー映画『ファインディング・ドリー』に登場するジンベエザメは、きわめて目が悪いキャラクターとして描かれている。このようなジンベエザメの視覚に関するイメージは、おもに体に対する目のサイズの小ささに由来するものである。実際、彼らの眼球の直径は全長の1パーセントに満たない。しかし、ジンベエザメが視覚にあまり頼っていない生物だという意見に、私たちの水族館の飼育スタッフは同意しないだろう。実際、ジンベエザメの目は良く動き、餌や飼育スタッフの動きを積極的に目で追っている。ジンベエザメは周囲の認識のために視覚をかなり使っており、そんな大切な目が傷つかないように、あの手この手で守っているように思われるのである。

泳ぐ鼻

血の匂いを嗅ぎつけてやってくる殺戮(さつりく)マシーン――サメに対するこのイメージを支えているのは、彼らの嗅覚に関するある仮説である。米国ではサメをして「泳ぐ鼻（swimming nose)」という呼び名があるように、サメは一般に嗅覚が鋭い動物であると考えられている。オリンピックの競技用プールに垂らした一滴の血をサメは嗅ぎ取ることができるという話を聞いたことがある方も多いのではないかと思う。生理中の女性はサメの襲撃を避けるために海水浴を控えた方がよい。こんな文言を私も子供の頃に書籍で読んだ記憶がある。

この仮説の根拠の一つとなっているのが、匂いを感じるセンサーの表面積の大きさである。我々と同じく、サメの匂いを嗅ぐ器官は鼻である。水族館で泳いでいるサメを見ると、口の前に左右一対の鼻の穴を確認することができる。じつは、この鼻の内部には板が積み重なったラジエーターのような構造が隠れており、その板の表面には無数の感覚細胞が分布している。水に溶け込んだ化学物質がこの感覚細胞に触れることで、その刺激が神経を通って脳に届き、サメは匂いを感じることになる。このラジエーターのような構造のおかげで、センサーの表面積は随分大きくなっているはずで、それがサメの鼻の良さの一つの根拠とされてきた。

ところが、この根拠はそれほど強いものではない。硬骨魚類の研究から、センサーの表面積は嗅覚の鋭さの正確な指標にはならないことが明らかになってきたのである。

サメは泳ぐ鼻なのか？

この問題に最も直接的に取り組んだのが、米国フロリダアトランティック大学のスティーヴン・カジウラ博士と、彼の学生だったトレシア・メレディス氏らによる2010年の研究である。彼らは、嗅電図と呼ばれる手法を用いて、サメやエイの嗅覚の鋭さを直接的に測定した。嗅電図とは、簡単にいえば感覚細胞が匂いを感じたときに発生するわずかな生体電位を測定する手法である。

彼らは眠らせた2種類のサメと3種類のエイの鼻に、アミノ酸を溶かした水溶液を嗅がせ、その反応を見た。この実験で分かったことはじつに興味深い。実験に用いた5種において、彼らがぎりぎり匂いを感じることができるアミノ酸の濃度は、1リットルあたり$10^{-9.0}$モルから$10^{-6.9}$モル。この数値自体が高いのか低いのかはよくわからないが、重要なのは、この値が一般的な硬骨魚類の値と同等だということだ。私たちのイメージと異なり、サメは他の魚と比べ、特に嗅覚に優れているというわけではなさそうである。さらに、調査した5種を比べてみると、やはりというべきか、鼻の表面積と嗅覚の鋭さには明確な関係はなさそうだった。

血の匂いを嗅ぎつけてやってくる殺戮マシーン。このイメージは近年の研究によって否定されつつあるといえるだろう。

サメの鼻の巧妙なデザイン

じつは、私がサメの鼻を見ていていちばん面白いと思うのは、その鼻の穴のデザインである。その面白さを共有していただくために、まずサメと私たちの鼻の構造の違いから話を始めよう。

私たちの鼻は外から見ると、鼻の穴（外鼻孔）から始まり、その先は口の一番奥（内鼻孔）に開口している。つまり我々の鼻はトンネル状で、二ヵ所の出入り口を持っている。一方で、サメの鼻の出入り口は一ヵ所しかない。鼻孔から中に入ってみると、そこには嗅覚センサーが収納されている広い部屋があるだけで、その先は行き止まりになっている。

ここで出てくる疑問は、この出入り口が一つしかない構造で、どのようにして内部の嗅覚センサーに水を循環させているのだろうかということだ。サメの鼻の部屋は体積を変化させることができないから、部屋を広げて水を吸入することもできない。鼻孔から水を入れようとすれば、中の水を同じ鼻孔から外に排出しなければならないが、この相対する水の流れが互いに干渉して換水効率は非常に悪そうだ。これをたとえるならば、出入り口が一つしかない駐車場ということになるだろう。その出入り口は、駐車をしに入ってくる車と、外に出ようとする車が鉢合わせることになり、大混乱となるはずだ。

じつは、サメはこの問題を、鼻孔の美しいデザインによって解決している。形状だけを見るとどうなっているのか理解し難いのだが、人為的に標本の鼻孔に水を入れるとそのしくみがよくわかる。簡単にいえば穴の形状を工夫することで、鼻孔の半分を水の吸入口、残り半分を排出口として使い分けているのである。

この構造のミソは、鼻孔の一部分にフラップが設置されているということだ。このフラップは外からの水の流入は防ぐが、内部からの水の流出は妨げないという逆止弁のような機能をもっている。この構造のおかげで、サメが泳ぐと、鼻孔のフラップのない側から水が自動的に流入し、鼻の内部を循環したのちに、フラップのある側から流出するようになっている。先の駐車場の例え話を使うならば、出入り口を右車線と左車線に分け、駐車に向かう車と出る車の流れを統制することで、出入り口での車の混乱を防いでいるといったところだろうか。効率的に換水できる容器の口のデザインを依頼されている工業デザイナーの方が（万が一）いらっしゃれば、私までぜひご一報いただきたい。サメの鼻が大変参考になりますよ。

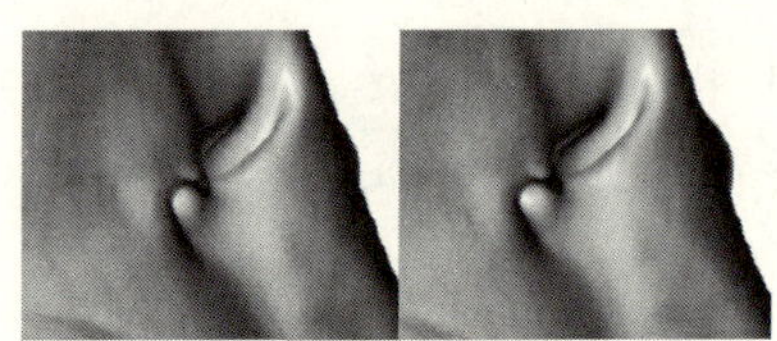

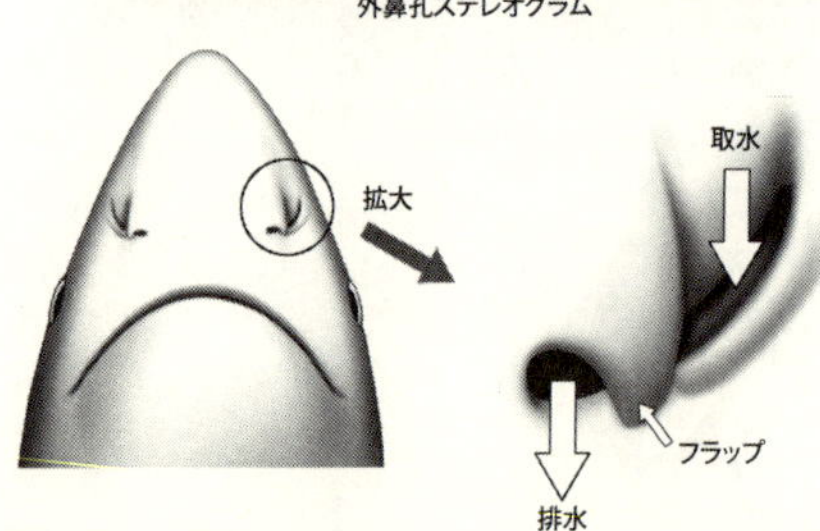

図1－27　サメの鼻孔のデザイン
カマストガリザメの鼻孔のCT画像(上)。左右2枚の画像が重なるように目の焦点をずらすと立体的に見ることができます。サメの鼻孔の模式図(下)。穴の一部がフラップで覆われている。

サメの第六感

「感じる」の項の最後として、やはりこの話に触れないわけにはいかない。サメは電気を感じることができる——これは比較的よく知られた事実で、俗にサメの第六感とも呼ばれている。電気を感じるといえば、我々もドアノブを触ろうとして指先にバチッと感じたり、あるいは濡れた手で漏電箇所を触ってピリピリしたりすることがある。しかし、これは手に流れた電流が皮膚の痛覚を刺激しているのであって、触覚の一部と考えることができる。サメの電気を感じる感覚は、おそらくそれとはまったく異なるもので、これがどんな感覚なのか味わうためには我々がサメになってみるしかない。

サメの第六感の発見の歴史は、1678年までさかのぼる。イタリアの解剖学者ステファノ・ロレンチーニが、サメの頭部のある構造を記載した。その構造とは、サメの皮膚、特に頭部の皮膚に無数に存在する小さい穴である。この穴の奥は、ゼラチン状の物質が詰まった長いチューブにつながっている。このゼラチン状の物質は、体表の粘液とは明らかに異なるもので、ロレンチーニは「何かしら特別な」機能を持つと考えたものの、それ以上のことは分からなかった。このサメの皮膚にある正体不明の構造は、後に彼の名を冠してロレンチーニ器官と呼ばれるようになった。

ずっと時代が下り、19世紀後半になると、より進歩した顕微鏡を使った詳細な観察が行われ、ロレンチーニ器官はある種の感覚器官ではないかとの疑いが強まった。チューブのいちばん根本のところから、神経がつながった特殊な細胞が発見されたからである。ところが、これがどのような感覚をつかさどるものであるのか、そのときはまだわからなかった。

その謎の解明には、20世紀前半のある装置の発明を待たねばならなかった。その発明とは「真空管アンプ」と呼ばれるもので、微弱な電流を増幅することができる装置である。これに目をつけたのが、神経生理学の研究者だ。彼らはこれまで観測不可能だった神経で発生する微弱な生体電位をこの装置で増幅し、神経の興奮状態を検知できるようにした。脳神経科学の研究が一気に花開くのは、まさにこの時代である。

一方、この手法はロレンチーニ器官の研究にも用いられるようになり、どのような刺激に対してその神経が反応するかの調査が行われた。そして、1962年、英国バーミンガム大学のロイス・マレー博士が一本の論文を発表することになる。この論文のタイトルは「電気刺激に対するサメ・エイ類のロレンチーニ器官の反応」で、よう

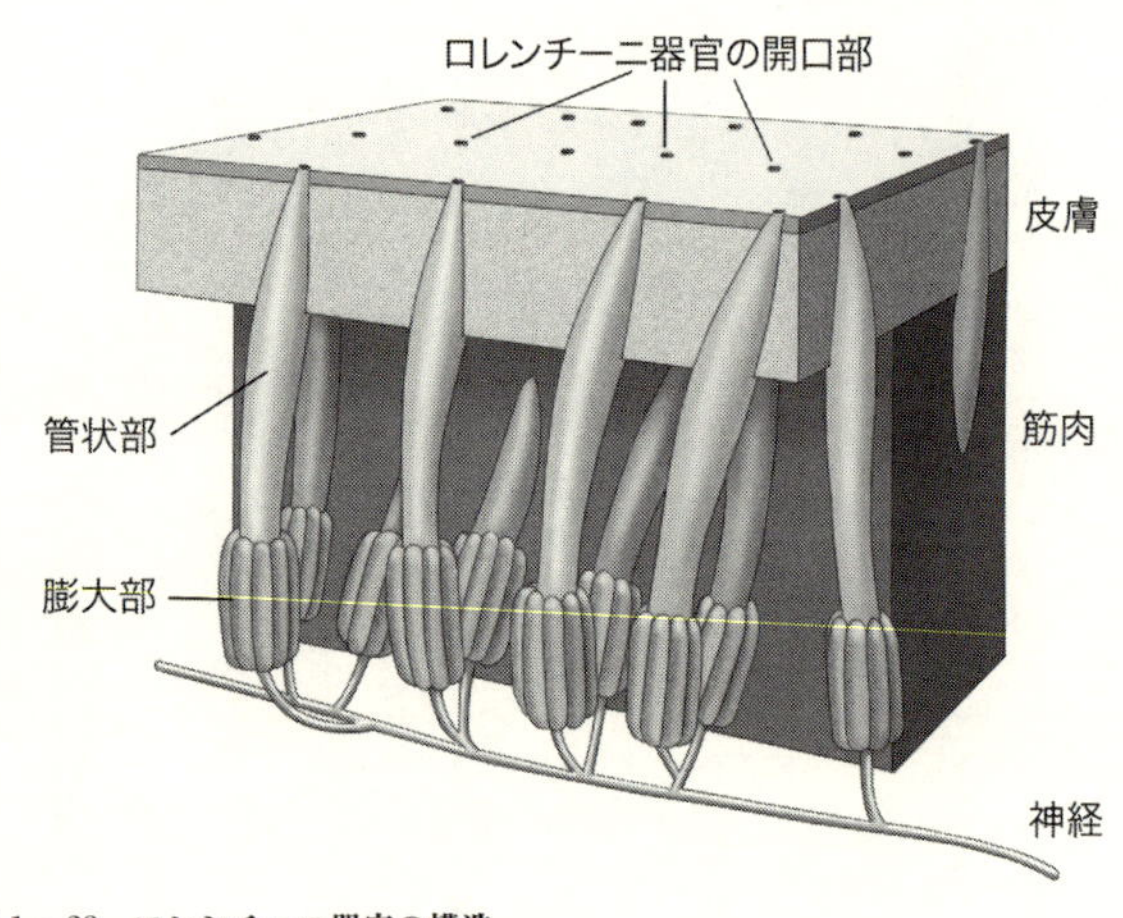

図1－28　ロレンチーニ器官の構造

やく、人類はロレンチーニ器官が電気に対してきわめて高い感受性を持つことに気づいた。じつに、ロレンチーニ器官の構造が記載されてから300年近くが経ったときのことである。

ロレンチーニ器官の脅威の能力

ロレンチーニ器官のセンサーとしての性能の高さを実感してもらうために、簡単な計算をしてみよう。計算といっても、ここでは電圧という物理量だけおぼえていただければ大丈夫だ。電圧の単位はV（ボルト）であり、たとえば、一般的な乾電池（例えば単一電池）の両極の電圧は1・5Vである。二つの地点の間に高い電圧をかけるほど、そこには強い電場が発生すると思っていただければよい。

さて、サメのロレンチーニ器官はセンサーとしてどれほど鋭敏なのだろうか。それを知るために、マレー博士はロレンチーニ器官に電圧をかけ、神経が興奮する最小の値を調べた。結果は驚くべきものだ。細胞から1センチメートル離れた場所にわずか0・000001Vの電圧をかけた場合でも神経は興奮したのだ。これは、単純計算で、サメから15キロメートル離れた場所に乾電池一つ分の電圧をかけたとしても、サメはそれに気づくことができることを意味する。

これほどまでに鋭敏な電場センサーをサメはなんのために使っているのだろうか。そのヒントは1970年代の一連の研究によって得られた。これらの研究で明らかになったのは、海棲生物の体の周りには常に電場が発生しているということだ。生物は生きているだけで、筋肉活動や神経伝達のために電気を使っており、それが周囲に微弱な電場を作りだす。サメたちは、きわめて鋭敏な電場センサーを用いて、海底に潜む餌のありかを探索しているのかもしれない。この説を裏付けるかのように、砂の中で餌を模した電場を人為的に発生させると、サメはその発生源を特定することができる。

サメのロレンチーニ器官にはもう一つ別の用途があるという説がある。それは、方角を知るコンパスとしての用途である。サメやエイが方角を知ることができるらしいということ自体はいくつかの実験で確かめられているが、不思議なのは体のどこでそれを感じているかということである。じつはロレンチーニ器官は、その最有力候補と考えられている。詳しくは高校物理の「電磁誘導」の項目を見てほしいが、電場と磁場というのは切っても切り離せない関係がある。乱暴な言い方をすれば、磁場があるところで動く物体の周りには電場が発生すると思っていただければよい。地球を大きな磁石と捉えるならば、その磁場の中を泳いでいるサメの周りでは電場が発生するはずだ。その電場をサメ自身が検知できるならば、サメは自分が向かっている方角を知ることができるはずだというのがその理屈だ。

ロレンチーニ器官の進化

サメのもつきわめて鋭敏な電場センサーはいかにして獲得されたのであろうか。その過程はいまだ多くの謎に包まれているが、一ついえることは、この能力はサメが発祥のものではなさそうだということだ。というのも、サメよりずっと原始的な特徴をもっている魚とされるヤツメウナギも、電場を感じる器官をもつことが知られているからだ。その器官はいわばロレンチーニ器官にある感覚細胞を体表に露出させたような構造をしている。さらに、一部の祖先的な硬骨魚類とされるアミアやポリプテルスなどは、サメのロレンチーニ器官そっくりの電場センサーをもっている。これらの証拠から、おそらく、電気を感じる能力はかなり原始的な魚がすでに獲得しており、サメや一部の硬骨魚類に引きつがれたものだと考えられている。

さらに興味深いのは、ロレンチーニ器官にある感覚細胞は、魚の体表で水の振動を捉える感覚細胞や、我々の内耳の中で聴覚をつかさどる感覚細胞に形状がとてもよく似ている。形が似ているだけでなく、その形成過程にも共通点が多いようだ。このことから、これらの感覚細胞はもともと同じ起源をもつ可能性が指摘されている。完全に我々の感覚から隔絶されていると思われていたサメの第六感が、我々の聴覚と起源を同じくするかもしれないというのは、とても夢のある話ではないだろうか。

光る

サメは光る

もしこの本の執筆があと数年早ければ、この章に「光る」という項目はなかったかもしれない。サメの発光の研究は近年急速に進んでおり、「光る」という能力は、我々が思っていたよりもサメにとって一般的らしいことが分かってきた。ここでは、そんなサメたちの光る能力について、そのしくみを中心に解説していこう。

発光能力を持つサメとして最も有名なのはフジクジラ類という深海ザメのグループである。全身が黒くて、全長40センチメートル程度の小型のサメだ。英語で「ランタン・シャーク」と呼ばれているくらいだから、その発光能力は相当前から知られていたはずだ。私が最初にこのサメの発光を肉眼で見たのは2017年のことであった。沖縄美ら海水族館の一室に、小さい水槽が設置されていた。部屋は全面が目張りされ、扉を閉じれば完全に真っ暗である。この水槽には、1匹のヒレタカフジクジラが入れられており、私を含め数名の水族館スタッフと、ベルギーから駆けつけた研究者らが暗闇の中で水槽があるはずの場所をじっと見つめていた。徐々に目が慣れてくると、暗闇の中に青白いサメのシルエットが浮かび上がってくる。これがヒレタカフジクジラの発光である。さらに目が慣れてくると、水槽の底がヒレタカフジクジラの発する光でぼんやりと照らし出されているのが分かるようになる。それは、とても感動的な光景だった。

発光のしくみ

フジクジラ類が光を出すしくみは、顕微鏡で観察することで初めて明らかになる。彼らの皮膚を拡大すると、鱗と鱗の間に0・1ミリメートルに満たない小さい粒がたくさん見えるはずだ。この粒は、電光掲示板に並ぶLEDライトのように、一つ一つが青い光を発している。この小さい粒のことを、発光器（photophore）と呼ぶ。

驚くべきは、この小さな発光器の精緻な内部構造である。その構造は、懐中電灯に瓜二つだ。一般的に、懐中電灯の光を発する部分は、大きく分けて三つのパーツによって構成されている。まずは、光源となる電球。次に電球を取り囲むパラボラ型の外

図1－29　ヒレタカフジクジラ
全身写真（上）と、腹面が青色に発光している様子（下）

枠。これは光を通さない素材でできており、内側は銀色に塗られている。電球から発せられた四方八方に広がる光はこの外枠の内側で反射し、方向が揃えられる。そして最後は、光の向かう先に設置されたレンズだ。このレンズのおかげで光はさらに収束して明るくなる。このしくみのおかげで、懐中電灯は特定の方向だけに強い光を送り出すことができる。

フジクジラの発光器はまさに、これにそっくりの構造を持っている。発光器の中心には光源となる細胞（発光細胞）があり、その外側はパラボラ型の外殻で覆われている。この外殻の内側はグアニンによって銀色にコーティングされている。そして、光の向かう先にはミクロサイズのレンズが設置されている。これだけの要素を、細胞数個分の空間に収納しているのであるから、それはまさに自然の驚異である。

さらに驚くのは、この発光器には明るさの調節機構まで

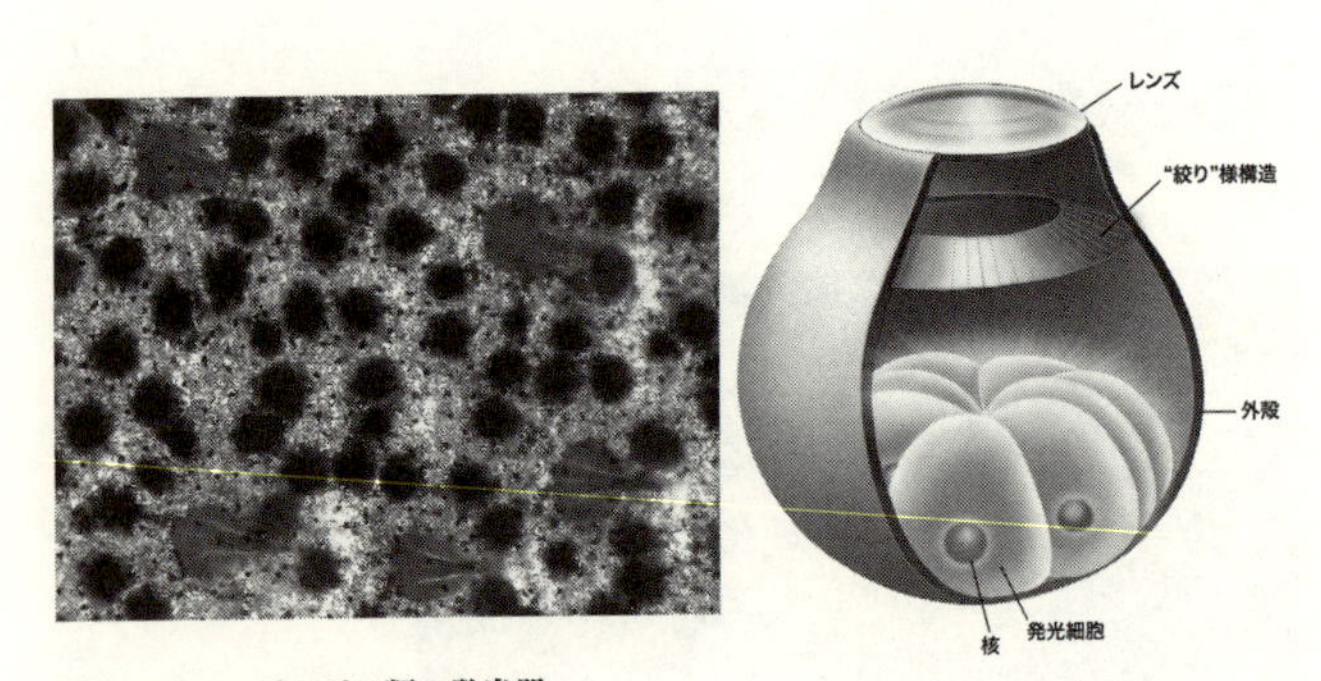

図1－30　フジクジラ類の発光器
ヒレタカフジクジラの皮膚を拡大写真（左）と発光器の模式図（右）。写真に見られる黒い斑点が発光器。

搭載されていることだ。レンズの内側には絞りのような構造があり、この構造を開閉することで、発光器から出る光の量を調整できるようになっている。

光を発生するメカニズム

懐中電灯における光源は電球であるが、フジクジラにおける光源は発光細胞という特殊な細胞である。この細胞はいかにして光を作り出しているのであろうか。

皆さんはサイリウムというものをご存じだろうか。お祭りなどで売られている光る棒で、ライトスティックなどとも呼ばれている。アイドルのコンサートなどで、観客が手に持って振っている、あの棒だ。サイリウムは柔らかいプラスチックでできていて、光らせたい時にポキッと音がするまで曲げてやる。すると、徐々に棒全体が黄色や青色などの光を発するようになる。この光は最初が最も強く、徐々に光量を減らしながら半日くらいは光り続ける。サイリウムが光るしくみは、いわば二液混合による化学反応だ。棒の中は二重構造になっており、内側には光のもととなる物質が入ったガラスアンプルが、外側には酸化剤が入っている。サイリウムを曲げた時に出るポキッという音は、ガラスアンプルが割れる音で、それによって内側の物質と外側の酸化剤とが混ざり合って、光を発するようになる。

フジクジラの光るしくみは、概ねこのサイリウムに似たしくみと捉えることができる。細胞の内部には、光を発する物質（ルシフェリン）と、発光を手助けする酵素（ルシフェラーゼ）があり、その二つの物質を必要に応じて混ぜ合わせることによって光が発生する。このようなしくみは、ホタルやウミホタルでも見られ、ルシフェリン・ルシフェラーゼ反応と呼ばれている。「フジクジラの発光のしくみはホタルと同じ」と一般にいわれるゆえんである。この発光のしくみはとてもエネルギー効率がよく、熱をほとんど出さない。

ちなみに、硬骨魚類の中には自ら発光能力を持たず、体内で発光バクテリアを培養することで体を光らせる種類も存在する。チョウチンアンコウの仲間は特に有名だ。このような発光バクテリアを用いて発光するサメは現時点では発見されていない。

発光メカニズム最大の謎

フジクジラ類はルシフェリン・ルシフェラーゼ反応によって光っている。これは多くの研究者が同意するところだ。だが、この定説には大きな弱点がある。それは、存在するはずのサメのルシフェリンが、一向に発見されないということである。

じつは、ルシフェリンというのは発光物質の総称で、ある特定の物質を指す名称ではない。ホタルはホタル独自のルシフェリンを、ウミホタルはウミホタル独自のルシフェリンを持っており、それらは別の物質なのだ。ならば、と誰もが思うだろう。サメにはサメ独自のルシフェリンがあるはずだ。実際、研究者は血眼になってサメのルシフェリンを探してきた。この物質はサメの発光細胞の中にあるはずだ。ところが、細胞に含まれる無数の物質の中から、サメのルシフェリンを特定するのは至難の業で、現在のところ研究者の努力は実っていない。サメのルシフェリンが見つからない——これはサメの発光メカニズムに関する定説を揺るがす大問題だ。

この問題に斜め上のアプローチで答えを出した日本人の研究者がいる。中部大学の大場裕一博士と彼の学生、水野雅玖氏だ。彼に言わせれば、そもそもサメのルシフェリンを見つけ出そうという試み自体がナンセンスなのだ。なぜなら、サメのルシフェリンはもとから存在しないからだ。彼らはヒレタカフジクジラの消化管を調べ、その中にセレンテラジンという物質を見つけた。この舌を噛みそうな名前の物質は、ウミホタルが発光に使っているルシフェリンだ。つまり、彼らによればフジクジラは、餌となる発光生物からルシフェリンを「盗み取り」、自らの発光のために再利用しているのだという。なるほど、餌からルシフェリンを横取りしているのであれば、サメ独自のルシフェリンが発見されないこととも つじつまが合う。

ルシフェリン盗用説は本当か

しかし、この議論には後日談がある。第4章で詳しく説明するが、私たちは2017年よりサメの人工子宮装置なるものの開発を進めてきた。これは、共著者の佐藤さんが発案し、沖縄美ら海水族館の「発明家」、戸田実氏によって具現化された装置である。飼育サイドからは、ベテラン飼育員の金子篤史氏、学術サイドからは私が実際の運用に当たっている。サメには胎生の仲間が多く、水族館で早産してしまった胎仔を人工環境下で育成しようというのがその目標だ。その装置で私たちが育成していたサメ、それがヒレタカフジクジラだったのだ。

ヒレタカフジクジラの胎仔を育成する過程で、私たちは思わぬものを目撃した。装置の中の胎仔が明るく発光していたのだ。これは大場博士の説と矛盾しているように思われる。なぜなら人工子宮装置の中の胎仔は5ヵ月もの間、母体から隔離されたガラス容器の中にいた。胎仔は成長に必要な栄養を自前の卵黄から吸収しているから、この間我々はまったく餌を与えていない。つまり、胎仔が発光のために利用しているルシフェリンは、彼ら自身が作り出しているように思えるのだ。

ただし、私たちの観察を根拠に、大場博士の説が間違っていると断言するのは時期尚早だ。なぜなら、卵黄などを通じて母ザメから間接的に餌のルシフェリンを受け取っている可能性があるからだ。この議論はいまだ決着がついていない。

フジクジラが光るわけ

そもそもフジクジラが発光する目的はなんだろう。もっともらしい説明の一つは、深海において周囲の光に溶け込むためというものだ。じつは、彼らが棲む水深500メートルは漆黒の闇ではなく、水面から入射した光がわずかに届いている。しかも水中を進む過程で大半の波長の光は散乱、あるいは吸収され、青色の波長の光のみが深海に到達している。

つまり、フジクジラが生きているのは、ごく弱い青色の光に照らされた世界なのだ。この青い世界で身を隠すためには、自ら青く光るというのはとてもよい方法だ。特に、体の下側にできる影は、青い光の中でも黒い影となり、サメのシルエットを浮かび上がらせてしまう。このような影を打ち消すだけの青い光を腹側から発することができれば、その魚は青い世界に完全に溶け込むことができるはずだ。実際、フジクジラの発光は、腹側で強く、背中側で弱いことが知られており、この説の信憑性を高めている。環境光に完全に溶け込むためには、発する光が強すぎても弱すぎてもいけない。そのためには常に環境光をモニターすることが必要だ。大変面白いことに、フジクジラ類の目の上瞼にあたかも「天窓」のように透明な部分がある。ある研究者はこの天窓を通して頭上から降りてくる光の強さを感じ取っているのでは、と推測している。

ただし、フジクジラ類の発光には、周囲の光に溶け込むためというだけでは説明できないいくつかの特徴が知られている。その一つは、背中にひときわ明るく輝くスポットが何ヵ所か存在することである。環境光に溶け込むだけであれば、必要以上に光を出すことは、むしろ目立ってしまい逆効果だ。これらのスポットについてはどのように説明をすればよいのだろう？　ベルギーにあるルーベン・カトリック大学のジェロム・マレフェット博士と彼の学生であるジュリアン・クラース氏らの説はこうだ。この明るく輝くスポットのある場所は、サメの背ビレの付け根に集中している。この場所は、フジクジラの2枚の背ビレにある鋭い棘（背鰭棘）の生えている場所と完全に一致する。背ビレの付け根を照らした光は半透明の棘全体を明るく光らせるだろう。つまり、深海において棘を照らし出すことにより、敵に警告を発する意味合いがあるのではないかという。彼らは深海で光り輝くフジクジラの棘を、SF映画『スター・ウォーズ』シリーズでジェダイが操る武器、ライトセーバーにたとえている。

もう一つの特徴は、胸ビレや尻ビレの付け根に発光器のない「無発光領域」があることである。深海で見ると、環境光に溶け込んでいる体の中で、この領域だけが黒く抜けて見えるはずだ。しかも興味深いことに、これらの領域の形は複雑で、サメの体に刺青（いれずみ）のような紋様を描いている。この紋様のパターンがフジクジラの仲間の種類によって異なることから、フジクジラの仲間が互いを見分ける目印にしているのではないかとの説もある。

相ついで発見される発光するサメ

フジクジラ類から始まったサメの発光の研究は、近年、思わぬ展開を見せている。当初フジクジラ類特有だと思われていた発光能力が、別のグループのサメでも相次いで発見されているのだ。中でも衝撃的だったのは、2021年になってビロウドザメに発光能力があることが報告されたことだ。

これまでに、実際に光っている姿が目撃されているサメは、フジクジラの仲間と、その近縁なグループであるヨロイザメの仲間に限られてきた。ところが、ビロウドザメはそのどちらでもない、オンデンザメの仲間に属している。これらの三つのグループの発光器の構造には偶然とは思えない類似性が見られることから、彼らの共通祖先から引き継がれてきた器官である可能性が高い。近年の系統樹によれば、彼らの共通祖先は約1億年前ごろに生きていたと考えられ、サメの発光の起源は少なくとも恐竜時代に遡るといってよさそうだ。

もう一つ、変わり種の発光ザメとして、フクロザメの仲間を紹介しよう。現時点で二種が確認されており、それぞれ標本が一個体ずつしか発見されていないという、とても珍しい深海ザメである。私は二種のうち新しく発見されたほう、アメリカフクロザメの標本を見たことがあるが、40センチメートルほどの太短い体にどこか齧歯(げっし)類のカピバラに似た間抜けな顔がついている面白いサメであった。グループとしては、フジクジラに近縁なヨロイザメの仲間である。面白いのは、このサメは「ポケットシャーク」という英名のとおり、胸ビレの根本に左右一対の大きいポケットを持っていることだ。このポケットの中には発光物質を分泌できる細胞が分布しており、胸ビレの運動と連動して発光液を噴射するのではないかと推定されている。どうやら、サメの発光方法は一通りではなく、我々の知らない多様性がありそうなのである。

以上の事実は、一つ面白い予言を私たちに授けてくれる。これからも発光するサメは続々と発見されるだろう。まさか、この有名なサメに光る能力が⁉ というニュースが近い将来私たちを楽しませてくれるのを期待している。

サメのもう一つの光り方

「光る」の項の最後として、サメから発見されているもう一つの光り方について紹介したい。このしくみはフジクジラ類とは系統的に遠く離れたトラザメ類やエイの一部のグループから発見されている。それは「蛍光」といい、フジクジラ類のルシフェリン・ルシフェラーゼ反応とはまったく異なる方法である。

じつは蛍光を利用した製品は、私たちの身の回りにあふれている。私にとっていちばん身近なものは蛍光マーカーである。書類のハイライト部分に蛍光マーカーで線を引くと、その部分が一際明るく輝いて見え、普通の色付きマーカーよりも強調することができる。この蛍光マーカーの歴史は、1971年にドイツのスタビロ社から発売されたものに遡るが、水性の蛍光顔料を混ぜたインクを開発したのがその始まりだ。その3年後には日本で最初となる蛍光マーカーが発売されていて、その後、いかに爆発的に世界に広まったのかが分かるだろう。

このマーカーに含まれる蛍光顔料の役割は、環境にあふれる光をキャッチし、特定の色の光に変換するというものだ。紫外線などの高エネルギーの光がこの蛍光物質に当たると、光のエネルギーが一時的にその物質にチャージされる（励起という）。このチャージされたエネルギーが再び放出されるとき、そのエネルギー量に見合った波長の光を出す。蛍光マーカーが明るく輝いて見えるのは、日光の中に含まれる紫外線などがインクに含まれる蛍光物質を励起させ、黄色などの可視光に変換されて我々の目に飛び込んできているからだ。このしくみゆえ、蛍光物質の発光には、かならず外からの光の入力が必要だ。これが、自前で光を作り出すことができるフジクジラとの大きな違いだ。

サメの蛍光能力の発見は偶然の産物だった。アメリカ自然史博物館のジョン・スパークス博士とデビット・グルーバー博士らは、２０１１年１月にカリブ海のケイマン諸島に赴き、以前から知られていた深海サンゴの蛍光の観察を試みていた。彼らの作戦はこうだ。深海域に唯一届く光の波長である青色のライトを持って海に潜り、深海サンゴを照らし出す。そこに青色以外の色が見えていたとしたら、それはサンゴが放出した蛍光の光ということになる。

調査の過程で、深海サンゴとともに彼らのカメラには意外なものが写り込んだ。それは緑色に光るウツボの仲間だった。当時、蛍光能力を持つ魚類はほとんど知られていなかった。彼らは同様の調査を、バハマ諸島やソロモン諸島で行い、３年間の調査でじつに１８０種の蛍光する魚を発見した。そのリストの中には、アメリカナヌカザメとクサリトラザメという2種のトラザメ類がふくまれていた。いずれの種類も、青色の光を吸収し、緑色の蛍光を発していた。

サメの蛍光に関しては、まだ研究の歴史が浅く、その生態的な意味についてはよくわかっていない。青色の光があふれる世界の中で、アメリカナヌカザメは緑の斑点で体をおおい、クサリトラザメは緑の網目模様で体をおおっている。しかも、これらの種類のオスはクラスパーが緑色に発光しているらしい。このように、彼らの蛍光パターンは、種や性別によって異なっている。さらに、網膜の色覚細胞の研究から、彼らの目は青色の背景に紛れた緑色をはっきりと識別することができるという。以上のことから、グルーバー博士らは、サメたちは蛍光を互いの種類や性別を識別するための目印として用いているのではないかと推測している。

サメの蛍光能力の起源もまた、謎に包まれている。2019年の研究によれば、サメが蛍光のために用いている分子は臭素化トリプトファン-キヌレニンという分子で、これには弱い抗菌作用があるのだという。もしかすると、もともとは彼らの体表を細菌から守るために使われていた物質が、のちに蛍光物質として転用されたのかもしれない。サメが発する幻想的な緑色の光には、それに負けない神秘的な謎が潜んでいる。

第2章 サメの分類と形態の多様性

執筆 佐藤圭一

２０２４年9月現在、世界には５６０種のサメが『有効種』とされている。私がここで、なぜあえて『有効種』というややこしい呼び方をしたのか、その理由について説明したい。私たちサメの専門家にとって、現時点で世界に何種のサメが存在するのかを調べることは、とても大変な作業である。サメの種数は日々変化しており、増えたり、時には減ったりする。私が大学でサメに関わり始めた１９９０年代前半は、世界全体のサメはおよそ３００種といわれていた。つまり、この30年の間に、約２６０種も増加している。

2-1

意外なサメの多様性

さて、いま述べたように、生物の種は時々刻々と変化するのが常であり、それは分類学者の研究によるものだ。私も、学生時代にはサメの分類学を専攻していたのだが、当時から多くの新種が発見されるのは、概して深海ザメの仲間だった。意外に思われるかもしれないが、種数だけで見ると、サメの過半数は深海性の種であり、世界中に分布している。

特に種数が多いのは、メジロザメ目のヘラザメ属というグループで、現在42有効種が知られている。つまり、サメ全種のうち、約7パー

図2－1　ナガヘラザメの標本

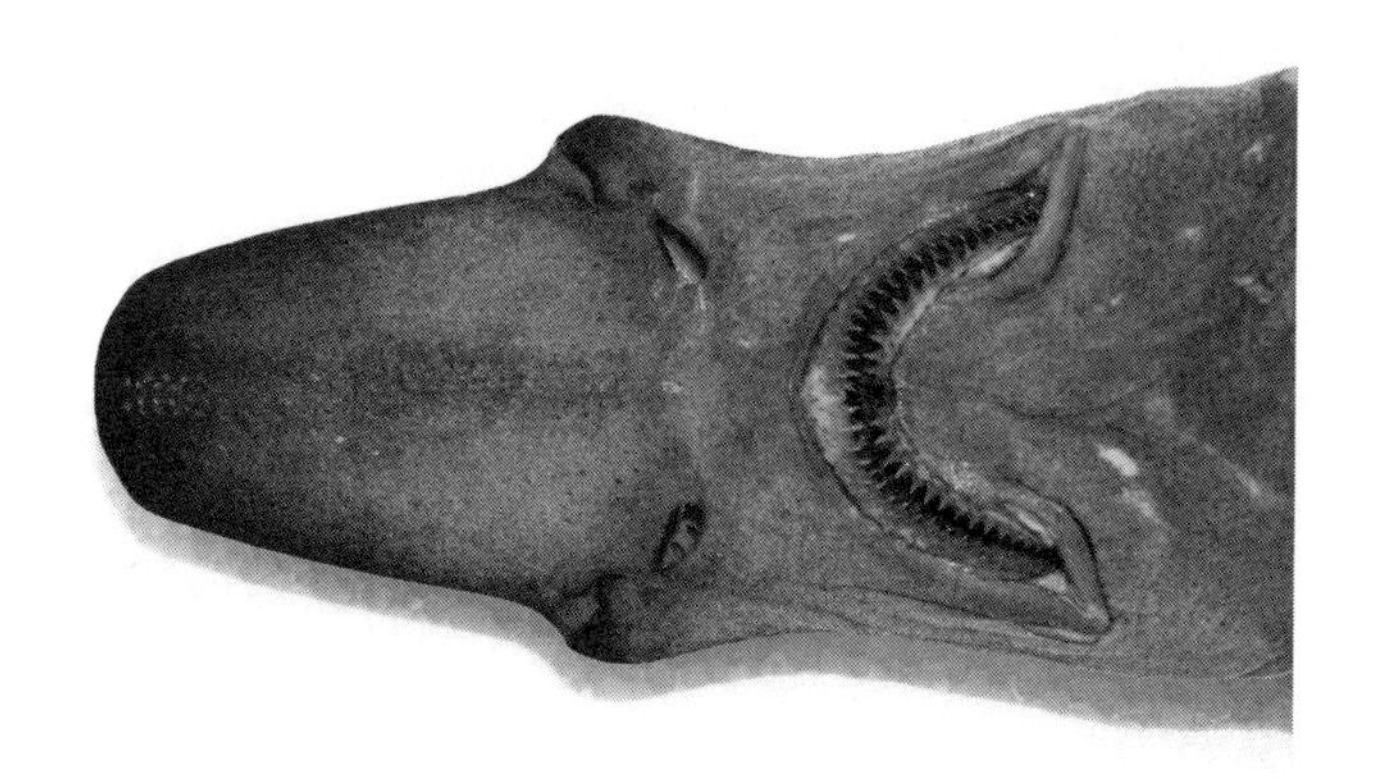

図2－2　ヘラザメ属の頭部の下面

セントがヘラザメ属というわけだ。おそらく、深海ザメの一大グループであるヘラザメ属は、サメ研究者ですら詳しく知っている者は少ないし、ましてや本書の読者のほとんどが聞いたこともないだろう。一般的にイメージする姿とは程遠く、過去に公開されたサメ映画にも登場したことなどないし、水族館で飼育された記録もごくわずかである。

このヘラザメ属を長年研究してきたのは北海道大学の仲谷一宏名誉教授で、著者（佐藤）とともに本属の分類学的な整理を行ってきた。ヘラザメ属は、水深200－2000メートルの深海底に分布し、資源量も比較的少なく、積極的にトロール漁業が行われる海域には分布していない場合が多い。そのため、研究はおもに古い標本を観察し、形態的な情報を頼りにすることが多いため、熟練した研究者でなければ種を判別できないというクセの強いグループだ。

そして、現在、ヘラザメ属と同数の42有効種となったグループが、ツノザメ属である。ツノザメ属はヘラザメ属とは異なる系統に属するサメだが、ヘラザメ同様、おもに深海をすみかとする。ヘラザメ属よりやや浅い海域（おもに500メートル以浅）に多く分布する傾向があり、肉や卵が食用として流通する場合もある。

図２－３　ツノザメ属の標本

ツノザメ属は2000年以降に急激に新種記載される数が増加した。そのおもな要因は、DNA分析が種の同定に幅広く用いられるようになり、世界的にデータが蓄積されたことによるものと考えている。見た目だけではほぼ識別が困難なサメだが、漁獲されやすく新鮮なサンプルが入手しやすいことから、DNA分析が飛躍的に進み、数多くの新種の発見につながったのだろう。

そのほか種数の多い属群として、カラスザメ属が40種、メジロザメ属が36種、ホシザメ属が27種、カスザメ属が21種と続く。メジロザメ属を除けば、深海性や底生性のサメが多く、形態的に識別が難しいため、DNAの配列を比較して新種が発見される場合が多い。

こうみると、『ジョーズ』に出てくるようなサメが、サメの多数派やスタンダードではないことが分かっていただけるだろう。大多数のサメは、私たちが日常出会うことのない場所にひっそりと暮らしている動物なのである。

2-2

サメとエイは何がちがうのか？

サメらしくないサメとサメっぽいエイ

サメの詳しい説明を行う前に、サメとはいったいどんな動物か、深掘りして考えてみたい。「サメ」は、軟骨魚類という〝魚類〟の中の一グループである。軟骨魚類には、サメだけでなく、エイ類とギンザメ類（全頭類）がふくまれ、そのうちサメとエイは共通した特徴をもっていることから、板鰓類と呼ばれている。板鰓とは、ガス交換を行う鰓の一部である鰓弁を隔てる鰓隔膜が発達し、板状になっていることに由来する。サメやエイでは、この鰓隔膜が長く伸びて、鰓孔が5対に分かれているのが特徴である。サメの仲間では、ラブカやカグラザメの類いとノコギリザメの一種が6対または7対、エイの仲間ではムツエラエイが6対の鰓孔をもっていることが知られている。では一体、板鰓類のサメとエイは、どのように区別されるのだろうか。

一般的には、体高が高く、体形が紡錘形に近いこと、鰓孔が体側面に開いているものをサメと呼び、体形が平たく鰓孔が体の腹面に開いているものをエイと呼んでいる。この分け方にしたがえば、サメとエイは比較的容易に識別することができる。なかにはカスザメなど、体全体が平たく、エイと見まちがうようなサメも存在するが、鰓孔の位置を見ると体の側面に開口しているから、これはサメだ。一方、サカタザメのように胴体の体高が高く、立派な背ビレをもつ、〝サメ〟と名の付くエイも存在するが、先述の鰓孔の位置を見れば、サカタザメは間違いなく〝エイ〟である。

分類学は、生物を種という単位に分けていくことと、共通点のあるものを体系的にまとめる学問だ。単純に似た者同士を一つのグループにまとめ、形態的に識別できるものを2つの種に分けて新しい種をつくる、という単純な学問ではない。つまり、形の類似や相違だけでは、種を分けたり、分類学的なグループとしてまとめたりする理由にはならない。

たとえば、私たちが日常的に使っている「魚（さかな）」は、分類学の世界には存在しないグループ名だ。むしろ大切なことは、サメとエイの進化的な側面である分岐関係、つまりお互いに共通する祖先から派生したか否か、という関係性が最も重要なのだ。

先に、サメとエイの識別法を述べたが、じつはその分け方は分類学的に意味があるわけではなく、サメとエイの関係性

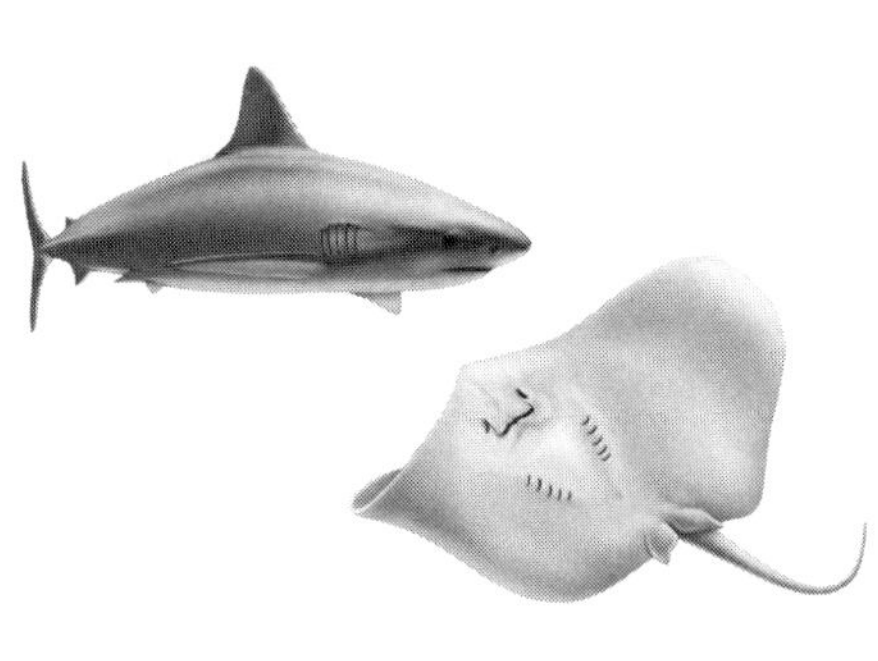

図2－4　サメとエイの体の外見上の違い

とたまたま一致した、「識別に都合の良い外見上の特徴」にすぎない。

サメとエイの本当の関係性

古くから、板鰓類を構成する〝現生の〟サメとエイは、共通祖先から分岐した姉妹の関係にあると考えられてきた。これはサメ・エイ二分岐仮説と呼ばれ、サメとエイに対してそれぞれ分類学的な階級があたえられることになる。このサメ・エイ二分岐仮説は、ドイツ人の生物学者であったヴィリー・ヘンニッヒによって分岐分類学*が提唱される以前から支持されてきた考え方である。生物進化における枝分かれのパターンを、リンネ式の階層的な分類階級に置き換える分岐分類学が一般的になり始めた1970年代以降、アメリカ自然史博物館のジョン・メイシー博士により提唱されたサメ・エイ二分岐仮説は、多くのサメ研究者が支持する仮説となった。

ところが、一見疑いの余地がないように思えたサメ・エイ二分岐仮説に異を唱えた日本人が現れた。1992年、北海道大学（当時）の白井滋博士は、サメとエイを網羅的に解剖し、形態学的データに基づく分岐分類学的手法を用いた研究を行い、「エイ類がサメの一部から派生したグループである」とする仮説を提唱した。つまり、板鰓類の共通祖先からサメとエイの2つのグル

＊分岐分類学：生物のグループを系統樹の分岐関係を基に表す分類法。形態や遺伝子を基に共有する派生的な形質により、単系統群を定義する。類型的な分類学と異なり、共通祖先をもつ生物群のみを分類単位として認めるのが特徴。

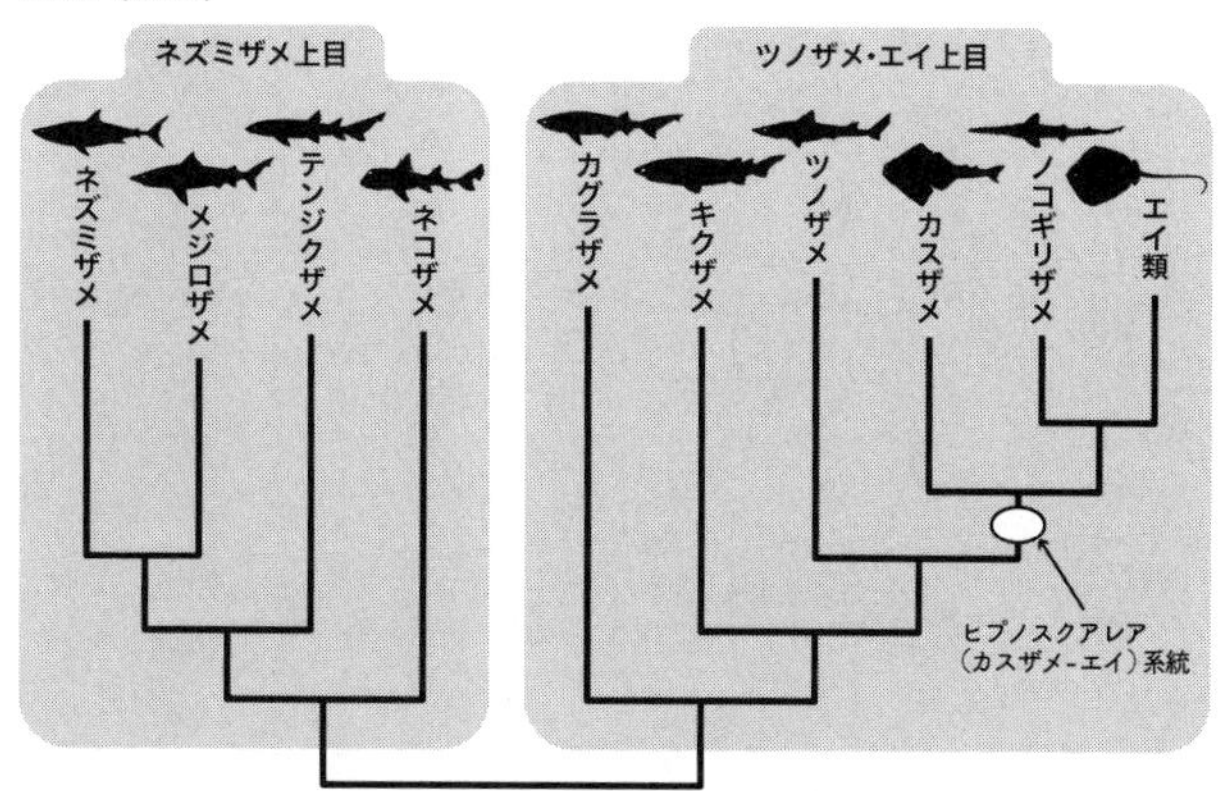

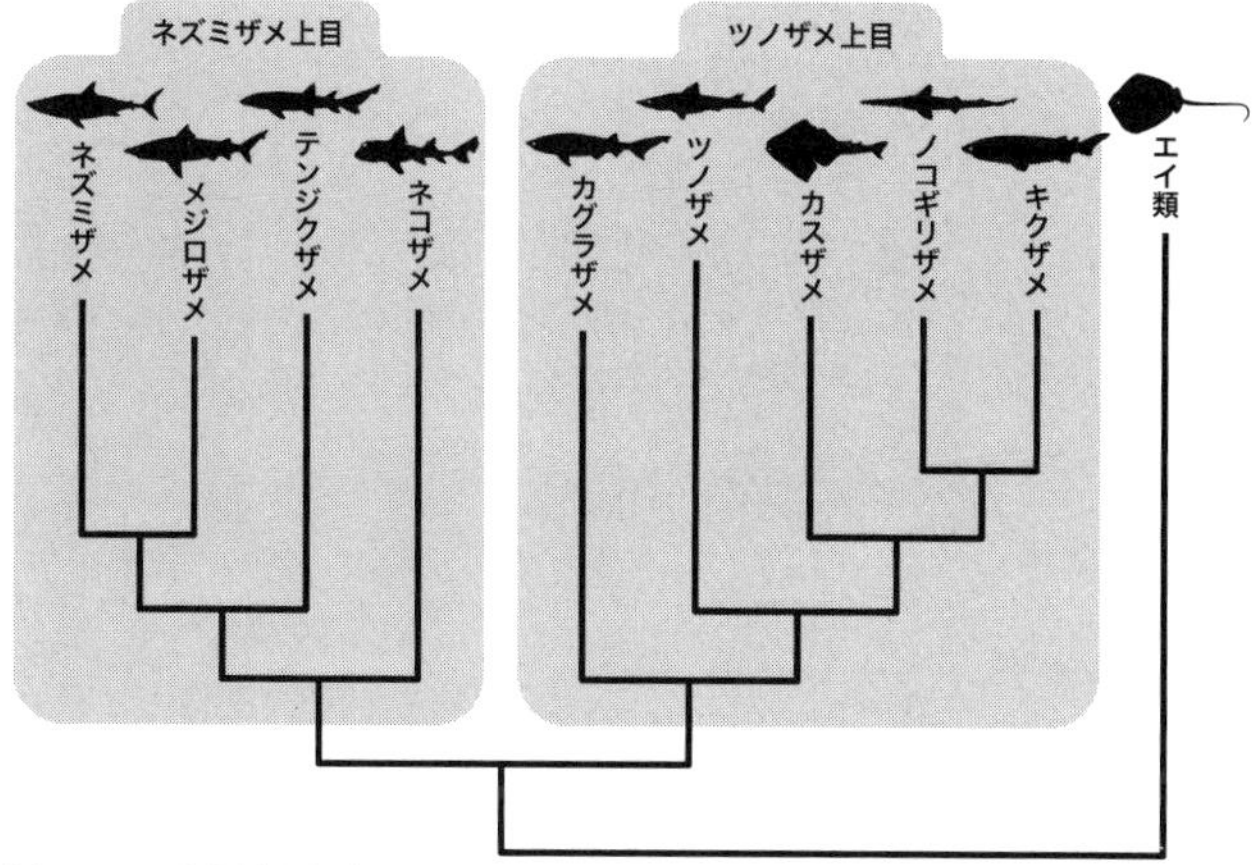

図２－５　白井仮説（上）と二分岐仮説（下）

ープに分かれたとするサメ・エイ二分岐仮説に対し、エイ類がカスザメやノコギリザメの仲間との共通祖先から進化したと考えたのである。この仮説は、「ツノザメ類に隠れたエイ」を意味するヒプノスクアレア（カスザメ－エイ）系統仮説と呼ばれ、世界のサメ研究者の常識を覆し、大きな衝撃をあたえた。

その後、白井仮説は徐々にサメの研究者の間で支持を広げ、デ・カルヴァーリョら形態学者による白井仮説を支持する研究者も出現した。その一方で、世界ではDNAの塩基配列に基づく分子系統解析の時代が到来し、2000年代以降になると、再びサメ・エイ二分岐仮説を支持する研究者が徐々に増加していった。

DNAの塩基配列は、デジタルな4つの塩基からなる配列データで、人間による解釈をともなわない。また、形態学的データに比べてデータ量が膨大であるから、生物の系統を解析するうえで、きわめて客観性の高い有効なデータであるといえる。この分子生物学の進歩によって、サメとエイの関係についての論争は、サメ・エイ二分岐仮説を結論として、おおよそ終結したのであった。

2-3

サメの二大系統と高次分類群

前項で述べたように、現生のサメは共通祖先から派生した単系統群と考えられている。系統分類学の世界では、新たな系統仮説の登場による分類体系の変更や、研究者により異なる分類階級や名称があたえられる場合がしばしばある。ここでは、できるだけ最新の見解にしたがって、それぞれのグループをまとめてみたい。

現生のサメの系統は、大きく2つの大きな系統群に分かれる。一方はツノザメ上目、もう一方はネズミザメ上目となる。分子系統仮説の中には、解析に用いるアルゴリズムの違いにより、カグラザメ類をもう一つの系統群として認める場合もあるが、ここでは2つの系統群として取り上げたい。

前者のツノザメ上目には、ツノザメ目（ツノザメ、ヨロイザメなど142種）、キクザメ目（2種）、ノコギリザメ目（10種）、カスザメ目（24種）、カグラザメ目（カグラザメ、ラブカなど7種）など、185種が知られる。しかし、すぐにこれらのサメを頭の中にイメージできる人は少ないだろう。なぜなら、ツノザメ上目のサメはほとんどが深海性で（オンデンザメやカグラザメを除く）、ほとんどの種はシャークアタックの加害者になる可能性がほぼゼロだ。そもそも人間との接触機会が乏しく、人にとって疎遠な仲間なのだ。あえて人との関係性を挙げるならば、ツノザメ類の中でも特にアイザメの肝臓に含まれるスクアレンを使った健康食品の原料となる程度だろう。

かたや、ネズミザメ上目は、ネコザメ目（ネコザメなど10種）、テンジクザメ目（トラフザメ、ジンベエザメなど45種）、メジロザメ目（トラザメ、シュモクザメ、オオメジロザメなど３０４種）、ネズミザメ目（ホホジロザメ、メガマウスザメ、ミツクリザメなど16種）など、３７５種のサメが知られている。水族館やテレビ番組などでおなじみのサメたちの多くは、こちらのグループに属しているといってよいだろう。サメと聞いて思い浮かべるのは、ほぼネズミザメ上目のサメである。

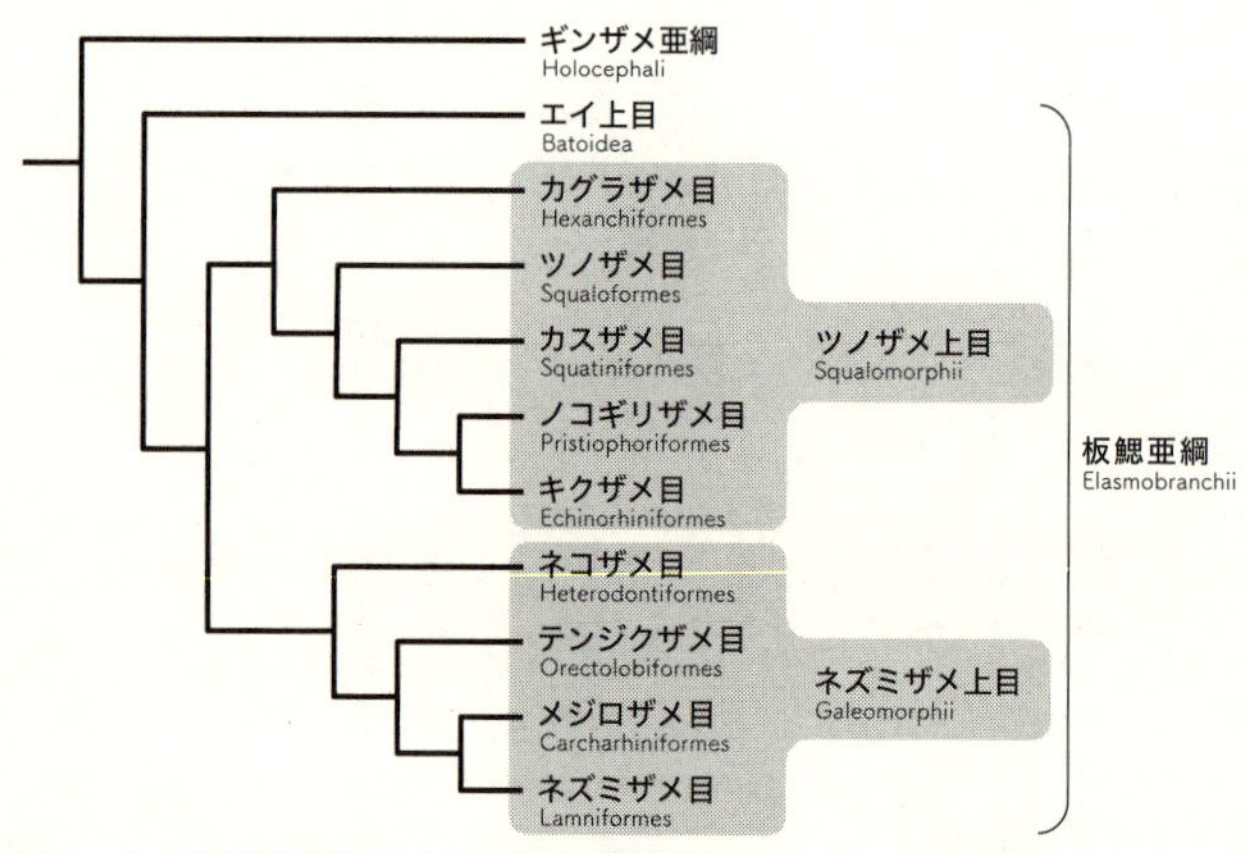

図２－６　遺伝子情報によるサメ類の系統仮説（データセットや分析の手法により樹形が異なる場合がある）

2-4
サメの多様な生態①──ツノザメ上目

ツノザメ上目に見られる生物発光

サメ界の中でもいまひとつ注目度が低いツノザメ類だが、彼らは意外に多様性の高いグループだ。先に述べたとおり、ツノザメ上目のうち特にツノザメ科とカラスザメ科は、近年急激にその種数が増えたグループだ。そのうち後者のカラスザメ科は、サメ類の中でも特にユニークで、生物発光することで知られている。

カラスザメ科は一般にフジクジラとも呼ばれ、以前から生物発光をすることが知られているサメの一群である。そのほか、ヨロイザメやオロシザメ科のサメ、ビロウドザメ（オンデンザメ科）にも生物発光するサメが存在することが知られている。これらのサメの発光は、実際に光る姿が確認されたわけではなく、多くの場合は皮膚に発光器や発光物質の分泌器官が存在することを根拠としている。

サメ類における生物発光の機能的側面については、検証の余地はあるものの、カウンターシェーディングや種間の認識、雌雄間の認識、忌避効果など、さまざまな側面での効果が論じられている。そもそも脊椎動物、特に大型の捕食者において、生物発光は普遍的なものではないが、これらの深海ザメは一体いつから生物発光する術を獲得したのだろうか？

ベルゲン大学の分子進化学者であるニコラス・シュトラウベ博士らの研究によると、ツノザメ上目のうち、上記4科（ヨロイザメ科・オロシザメ科・オンデンザメ科・カラスザメ科）を含むクレード（単系統群）の共通祖先はすでに生物発光という形質を獲得していたと考えている。彼らの分子生物学的な解析によると、白亜紀前期にツノザメ上目がきわめて短期間のうちに深海環境への適応放散をとげ、それらの共通祖先が獲得した形質が子孫に受け継がれたようである。一方、オンデンザメ科のうち、オンデンザメ属は発光器をもたないサメとされているが、これは二次的に生物発光という形質を失ったものと考えるのが妥当であろう。

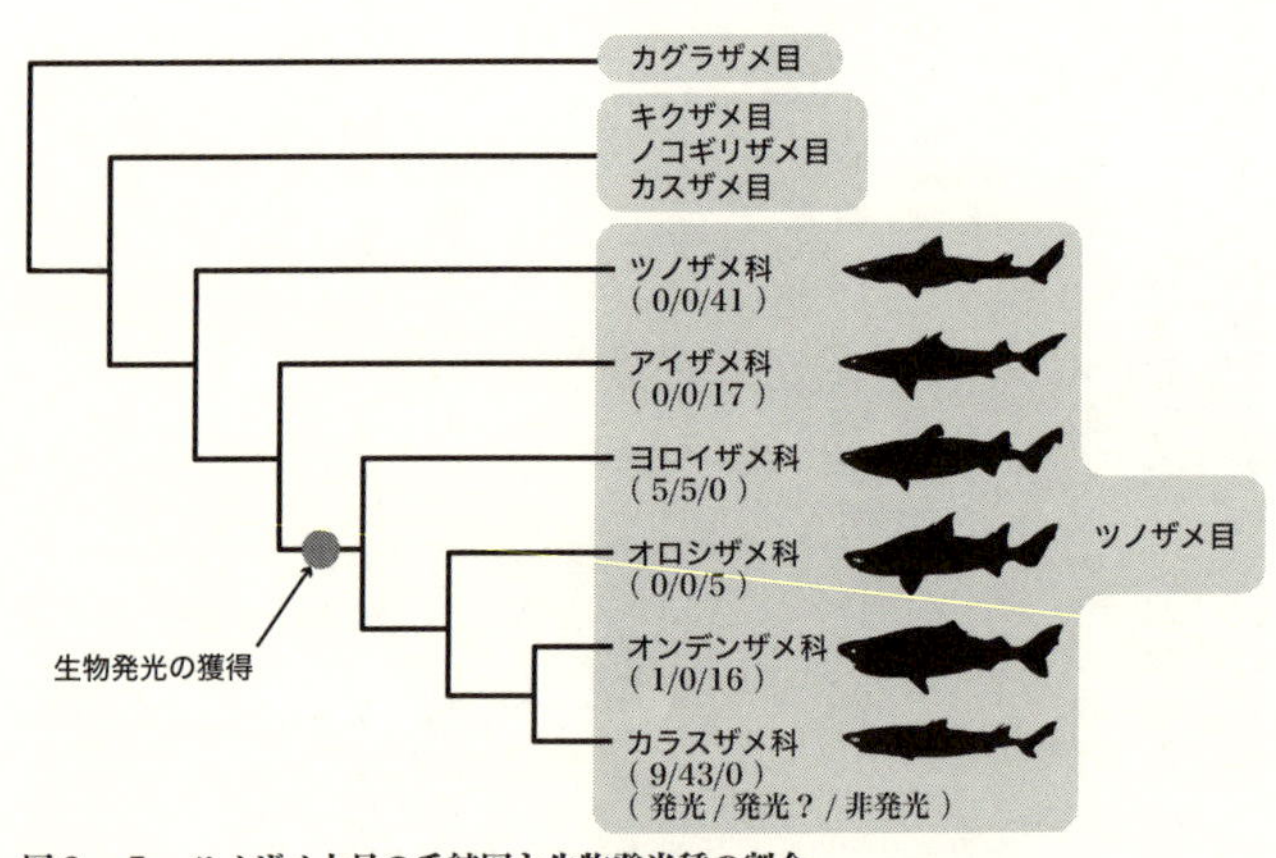

図2－7　ツノザメ上目の系統図と生物発光種の割合

ツノザメ上目に見られる生物発光は、ほとんどが微小で精巧な発光器をもつことで、ごく弱い光を発生させる。しかし、中にはまばゆい発光液を体外に放出するアカリコビトザメやポケットシャークなども存在している。両者が共通祖先から派生したと考えた場合、初期の段階でどのような光る形質をもっていたのか、私たちの想像の域を超えた進化の歴史が隠されているはずだ。私たちは現在、サメの人工子宮装置を開発し、ヒレタカフジクジラ（カラスザメ科）の胎仔を人工的に育成、発生の過程でどの時期に発光物質を獲得しているのかを調べているところだ。サメがなぜ光る物質を体内にもつようになったのか、さまざまな方法により謎が解明される日は近い。

極端なスローライフ

ツノザメ上目に属するサメは、先に述べたとおり、深海をおもな分布域とするグループだ。深海の環境は、暗黒・低温・高水圧・餌の乏しい極限環境であり、そこに生きる生物は厳しい環境に適応するためのさまざまな手段を手に入れている。サメは他の深海生物と比べれば高次捕食者であるため、餌の乏しい環境に適応することはきわめて難しく、特に餌に乏しい水深4000メートル以深の深海帯でサメが記録された例はない。では、深海で生きるサメはどのような生存戦略をとっているのだろうか？

多くの深海生物と同様に、サメも①体の代謝をできるだけ抑制してエネルギー消費を抑え、②同時に少ない餌をいかに探知して効率よく捕らえるか、という方向性で進化を遂げている。そうなると、必然的に成長が遅くなり、一世代が極端に長くなることが想像できる。現に、サメの中には脊椎動物で最もスローライフな生き方をしているものが存在することが、最近の研究で明らかとなっている。

既知のサメで、科学的に最もスローライフと思われるサメは、北大西洋の北極域にすむ「ニシオンデンザメ」と考えられている。ニシオンデンザメの姉妹種である北太平洋のオンデンザメについても、おそらく同様のスローライフを誇るサメだろうと思われる。本種はかつて北日本の沿岸でも頻繁に見られたが、近年その生息数が極端に減少していると推測される。2016年にデンマーク・コペンハーゲン大学の研究グループが発表した論文によると、彼らがニシオンデンザメの水晶体核の放射性炭素同位体による年代測定を行ったところ、調査した最大個体の推定年齢は392±120年であった。この記録が確かならば、本種は脊椎動物のうち最も長寿で、戦国時代に生まれ

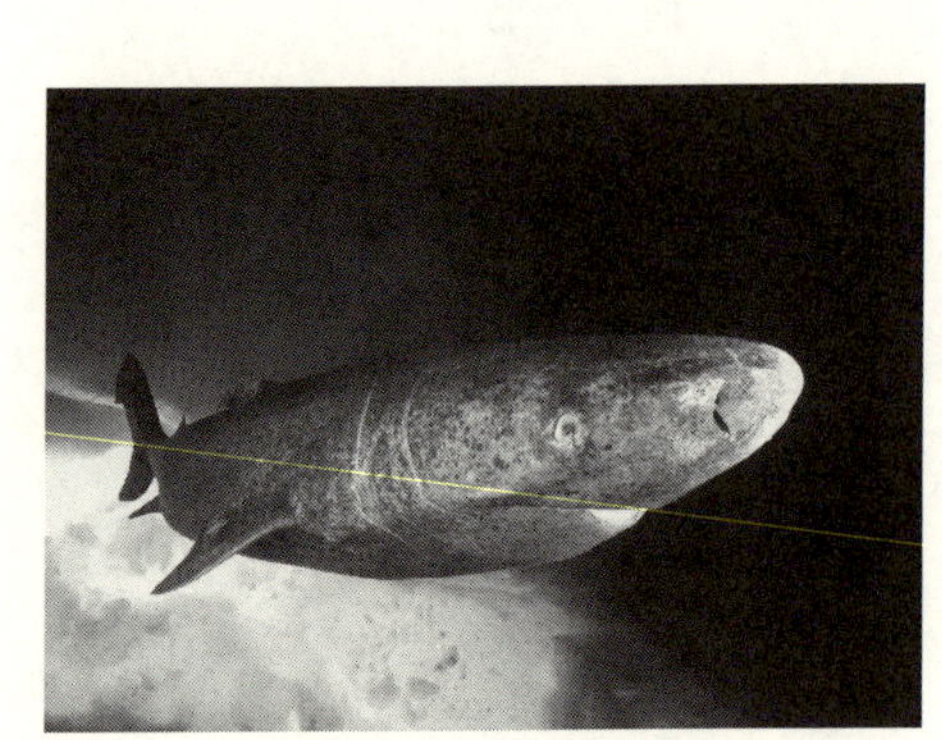

図2－8　ニシオンデンザメ　©アフロ

た個体が現存する可能性があることを意味している。

また、1963年に発表された研究によれば、全長262センチメートルのニシオンデンザメ個体に標識を付けて放流し、16年後に採捕・計測すると全長が270センチメートルだった。つまり、この個体は1年で0・5センチメートル程度しか成長していないのである。本種の成長がいかに超スローペースであるか、わかっていただけるだろう。

もう一つの面白いデータは、国立極地研究所の渡辺佑基博士らが計測したニシオンデンザメの遊泳速度だ。彼らの調査によると、本種の遊泳速度は平均で秒速0・22−0・34メートル（時速0・8−1・2キロメートル）で、体の大きさを加味すると最も遊泳速度の遅い魚類であるという。ニシオンデンザメは、寿命だけでなく遊泳速度も最も遅い、正真正銘の最もスローライフな動物だといえるかもしれない。

ちなみに他のサメの寿命はどれほどなのだろう？　一般的に、サメは長寿命の動物であることは間違いないだろう。しかし、何歳まで生きるか？　という問いに明確に答えるのは難しい。たとえば、2014年にウッズホール海洋研究所の研究者らがホホジロザメの年齢査定に関する研究を行った結果、70歳と推定されたオスと、40歳とされたメスが発見された。

この数値は、以前までの推定を超えるものであった。しかし、一般的にサメのメスはオスよりかなり大型化するため寿命も長く、この研究で得られた推定年齢よりもさらに長く生きる可能性が高いと思われる。また、2021年に公表されたオオメジロザメの年齢に関する研究では、オオメジロザメのメスの寿命は33・5年程度（オスは29・75年）と推定されている。一方、沖縄美ら海水族館で長期にわたって飼育されているオオメジロザメのオスの個体は、飼育開始以来すでに46年が経過していることから、研究者が推定した寿命をはるかに超え、飼育記録を更新中ということになる。

私の経験では、サメの寿命は研究者による推定寿命よりもはるかに長く、サメが実際に何歳まで生きるかは、いまのところ断言できないといってよい。

オロシザメの「超！ 偏食生活」

私はサメの研究を始めて久しいのであるが、ツノザメ上目のサメにはまだまだ面白いものがいる。この年になって心底驚かされたこと、それはオロシザメの食性と摂餌生態の研究である。本種はその名のとおり、皮膚の表面に大きく鋭い楯鱗（じゅんりん）（いわゆるサメ肌）が密生し、おろしがねのようにザラザラしていることが和名の由来となっている。深い海にすむサメの一種で、水族館でもほとんど目にする機会が無く、採集されることすら珍しいサメである。加えて、背中側がこんもりと盛り上がった体形と高い帆のような背ビレが、私たちに強烈な印象をあたえる。じつは最近、うれしいことにオロシザメの生きた姿を海外の水族館で見る機会があった。

オロシザメの仲間は1科1属5種の小さなグループを形成する。日本では同属のオロシザメ*Oxynotus japonicus*が知られているが、漁業が行われる水深よりも深い水域に生息するため、目撃例も比較的少ない。しかし、東大西洋から地中海にかけて分布するオロシザメ属の*Oxynotus centrina*は、比較的浅い場所に見られるため、水族館で一時的に飼育される機会も多いとのこと。ただ、摂餌生態も定かでないため、何を餌としてあたえたらよいのか、世界中で長い間謎とされてきた。

スペインのバレンシアにあるオセアノグラフィック・バレンシア（水族館）の飼育担当者は、近海の刺網漁で採集されるオロシザメとともに、数多くのエイの卵殻が混獲されることに気づいた。その海域には多くのガンギエイの仲間が生息しているので、卵殻が混じるのは不思議なことではないのだが、多くの卵殻の中身は空で、殻の表面にはかならずといってよいほど小さな切れ込みがあることに気づいた。しばらくはその切れ込みの正体が分からなかったが、ある日、水槽内に入っているオロシザメが卵殻にかじりついているようすを目撃した。そのとき、「もしかするとこのサメはエイの卵殻

図2－9　オセアノグラフィック・バレンシアで飼育されているオロシザメ属の一種がエイの卵殻を捕食するようす

に穴をあけて、卵の中身を食べているのではないか？」とひらめいたようだ。

彼らの飼育下における観察の様子は、グアルアルトらによって学術論文として公表され、オロシザメが卵殻内の卵を捕食する行動が詳細に説明されている。オロシザメは水槽内で卵殻を発見すると、口で吸い付くように卵殻にとりつき、下顎の歯を使って卵殻に小さな切れ込みを入れる。その後、まるで母乳を飲む赤ちゃんのように、卵を吸い込むようにして食べる。その過程は詳細に映像として記録されている。さらに驚いたことに、私がバレンシアの水族館で見たオロシザメは、10年以上にわたり、2日に1個のペースでガンギエイの卵のみを食べ、それ以外の餌はあたえられていないという。また、その卵は同居するガンギエイが産んだものを冷凍保存し、その都度解凍してあたえるそうだ。

彼らの長年にわたる根気強い調査により、謎だったオロシザメの食生活が明らかになった。とはいえ、疑問はまだまだ残されている。①オロシザメとガンギエイはかならず同じ場所に生息しているのか？　②その他のオロシザメの仲間も同様の摂餌生態をもっているのか？　③オロシザメとガンギエイは深海の環境に適応するために共進化した可能性はあるのか？

私たちのオロシザメに対する注目度は高まるばかりである。

最高峰のステルス性能をもつサメ

サメとエイは姉妹関係にあり、かつてヒプノスクアレア（カスザメ－エイ）系統仮説が存在したように、ツノザメ上目のサメとエイ類の間には、密接な関連性がありそうな雰囲気が漂っている。実際に、エイにそっくりなサメと、サメのようなエイが存在している。

本著の共著者である冨田氏がお気に入りのサメといってはばからない「カスザメ」は、エイと見まちがうほど平たく（縦扁形（じゅうへんけい））、サメとは思えない形をしている。カスザメは、エイと同様に砂泥底に紛れ込むように身を潜めて、目の前に現れた餌生物を一瞬のうちに捕食するサメだ。彼が最近書いた、「カスザメのステルス呼吸」というタイトルの論文では、カスザメがいかにして身を潜めるかという秘密が明かされている。通常、底生のサメ・エイ類では、呼吸水を口や噴水孔と呼ばれる背面の開口部から取り込んでおり、その際には口腔付近を大きく広げるようすが外見でもはっきりと観察できる。

ところが、カスザメは、呼吸によるわずかな体の動きすら隠し、徹底して動かない能力を獲得し、究極のステルス性能をもっていることが明らかになった。彼らは、超音波画像解析によ

図2－10　カスザメ ©アフロ

り、カスザメが呼吸の際に大きなモーションをともなう口腔ポンプを利用せず、体の腹側に隠れている鰓孔に限定して稼働させることによって、ステルス能力を向上させていると考えている。これは、被食者と捕食者の両方から発見されにくくするための進化であると考えられる。

加えて、カスザメで忘れてはならないのが、防御性能の高さである。じつはカスザメの表皮を覆っている楯鱗は、とても硬くゴツゴツしたもので、昔から「サメのおろしがね」や武具に用いられてきた。これほどまでにステルス性と防御力を兼ね備えたサメは、ある意味で「最高峰の戦闘能力を備えたサメ」であるといえるかもしれない。

ちなみに、ネズミザメ上目にも、エイのように平たいサメである「オオセ」が存在する。オオセもカスザメと同様に、砂泥底に身を潜めて獲物を待ち伏せするタイプのサメだが、私が観察する限り、口腔ポンプや噴水孔のモーションがとても大きく、カスザメほど高いステルス性能は持ち合わせていないようだ。

2-5 サメの多様な生態②——ネズミザメ上目

防御力に特化したネコザメ

ネズミザメ上目の系統をさらに深掘りしてみよう。この系統のうち、最も古い時代に分岐した

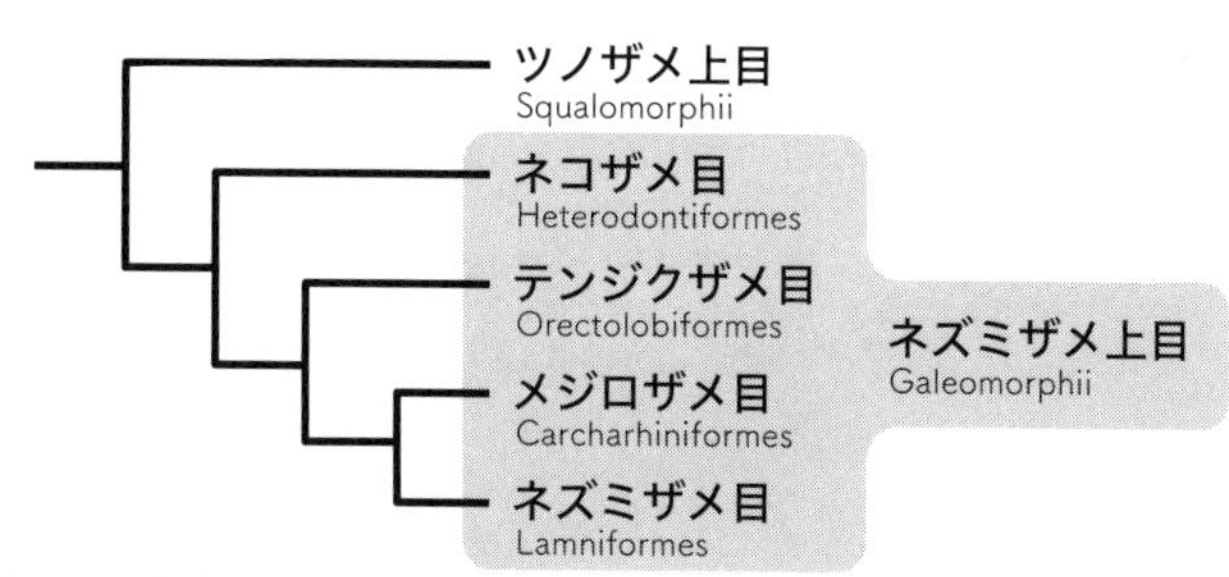

図2－11　ネズミザメ上目の系統図

のはネコザメ目である。ネコザメは大変ユニークな形態をもっており、ネズミザメ上目の中では唯一、背ビレの前縁部に丈夫な棘をもつことに加え、きわめて強固な楯鱗に覆われた硬い表皮をもっている。ネコザメは比較的小型の底生性のサメであり、遊泳力に乏しい。そのトレードオフとして、サメの中で最も堅固な防御を誇る体を手に入れ、外敵による捕食から身を守っているのだろう。

また、ネコザメの歯は近心（前歯側）と遠心（奥歯側）で形状が異なる異形歯性（heterodont）がみられ、属名*Heterodontus*の由来ともなっている。特に遠心の歯は、敷石状の平たい形状で、貝や甲殻類など硬い殻をもつ餌生物を砕いて捕食することができる。また、ネコザメの卵殻は他のグループには見られないねじ型の形状をなしており、岩の隙間や砂の中にねじ込むように産み付けられる。

吸引力といえばテンジクザメ目

ネコザメに次いで分岐するテンジクザメ目は、全長50センチメートル程度のクラカケザメから、体のサイズが極端に巨大化し、全長が13メートルに達するジンベエザメまでふくむグループである。多くの種は遊泳力の乏しい底生性が基本であるが、トラフザメとの共通祖先からジンベエザメに分化する過程で高度な回遊性と濾過採食（プランクトンを濾過して摂餌）に進化した。テンジクザメ目には、胸ビレで海底を這うように匍匐(ほふく)前進するサメが存在し、「歩くサメ」として知られている。

モンツキテンジクザメ属（*Hemiscyllium*）のいくつかのサメは、大型の捕食者が比較的少ないサンゴ礁の浅瀬に分布することで、泳ぐよりも歩いて移動する方法を発達させたと考えられている。硬骨魚類の中にも歩く魚が存在するが、概して干潟や浅い海域の海底に生息するものが多い。モンツキテンジクザメと硬骨魚類に見られる胸ビレを使う移動法の獲得は、まったく異なる系統群に出現した平行進化によるものであり、類似する生態を持つ複数種が獲得した形質といえる。

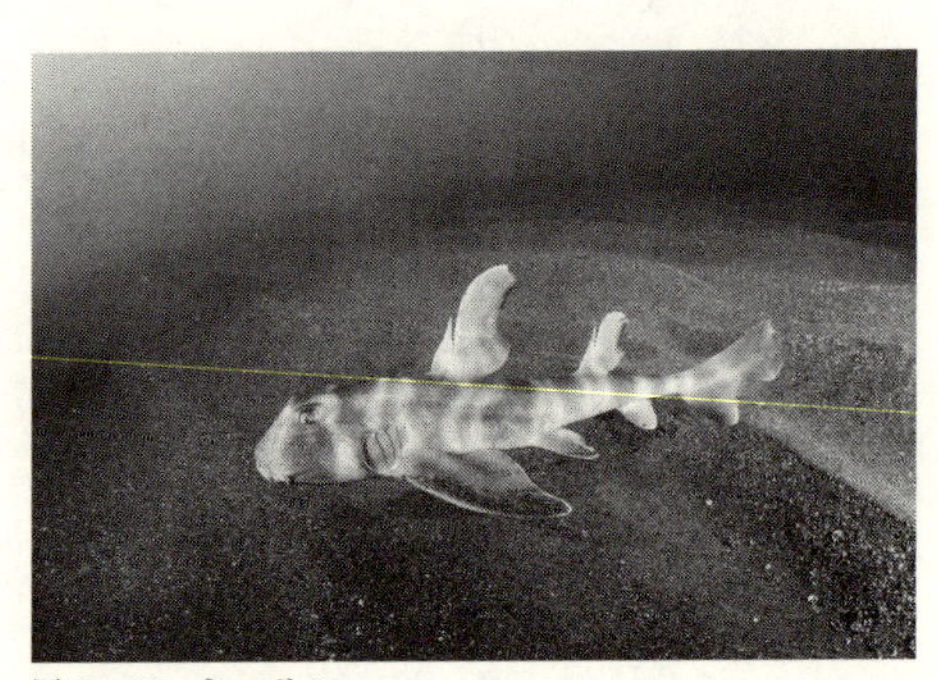

図2－12　ネコザメ

テンジクザメ目のサメは、全般に底生性で遊泳力が弱い一方、強力な吸引力によって獲物を吸い込み、上下の顎に備えている鋭く細かな幅広い歯列によって、確実に餌生物を捕らえることが可能だ。とりわけ、オオテンジクザメは岩陰に隠れているタコですら、強力な吸引力によって捕食してしまうため、沖縄では方言で「タコクワヤー（タコ食い）」と呼ばれている。ジンベエザメは濾過採食者なのだが、テンジクザメ類の特徴を受け継ぎ、強力な吸引濾過（サクションフィーディング）をする。また、着底・静止しても、自発的に口腔ポンプによって水を取り込み、呼吸（鰓換水）することが可能である。これは、他の濾過採食者であるメガマウスザメやウバザメには見られない特徴であり、大型の遊泳魚でありながら水族館で飼育が可能な理由の一つともいえる。

Gentle Giant：ジンベエザメの謎

テンジクザメ目の中で唯一大回遊するサメがジンベエザメだ。いまでこそ、ジンベエザメの名前を知らぬものは少ないが、私が小学校に通っていた、いまから40年近く前は、ほとんど知られていない存在だった。このサメが世に知られる契機となったのは、1980年に沖縄美ら海水族館の先代の水族館（国営沖縄記念公園水族館）で飼育展示が始まったことだろう。その後、1990年に大阪に海遊館がオープンし、その象徴的存在となったのが沖縄からフェリーで運ばれた

図2－13　テンジクザメ目のサメたち

初代ジンベエザメだった。水族館に登場したことをきっかけとして、ジンベエザメが人々の間で人気の的となったのである。

その一方で、ジンベエザメの繁殖や回遊はいまだにわからないことが多い。台湾で1995年に捕獲された全長10・6メートルのメスのジンベエザメ（〝メガマンマ〟と呼ばれた）が、およそ300匹の仔ザメを妊娠していた話は最もよく知られた大発見である。

当時、研究者の間ではジンベエザメは卵生であるというのが定説だったが、この発見により胎生であることが明らかになったのだ。ちなみに、そのときに左右の子宮から発見されたのは、平均で殻長21センチメートルの卵殻に包まれた状態の小さな胚から全長58－64センチメートルの出産間際の胎仔まで、さまざまな成長段階のものだった。ジンベエザメは最も産仔数の多いサメであることは間違いないが、その出産はかなり長い時間をかけて行われると推測される。こんな出産をするサメは、ジンベエザメ以外に知られていないだろう。

それからおよそ30年が経過している。しかし、台湾での〝メガマンマ〟発見以来、妊娠したジンベエザメの報告はいまだに皆無である。

近年、メキシコのユカタン半島沖合や、西オーストラリア州のニンガルーリーフの沖合など、世界中でジンベエザメの群集が季節的に発生することが知られている。しかし、このような場所に群がるものは未成熟個体が中心で、餌となるプランクトンの発生や魚類の一斉産卵など、摂餌に最適な水温帯を求めて集合していると考えられている。それでは、妊娠したジンベエザメはどこにいるのだろうか？

その謎を解明するため、研究者たちが注目している海域がガラパゴス諸島である。ガラパゴス諸島のダーウィンアーチには、毎年決まった時期に、巨大なメスばかりが姿を現すことが知られている。そこで、世界中の研究者とタッグを組んで、我々沖縄美ら海水族館の研究者が毎年水中での超音波画像診断と血液の分析による妊娠判別調査を実施している。これまでの調査で、成熟した卵を持つジンベエザメが発見されていることから、妊娠個体を発見する日も近いのではないかと期待されている。そうなれば、世界で初めての野生下での妊娠確認となるはずだ。

ジンベエザメの謎は繁殖だけにとどまらない。ほかにも、寿命、回遊、食性、成長など、ジンベエザメには人間が直接観察できないことが多すぎるのである。たとえば寿命については100年を超えることが定説となっているが、出生から

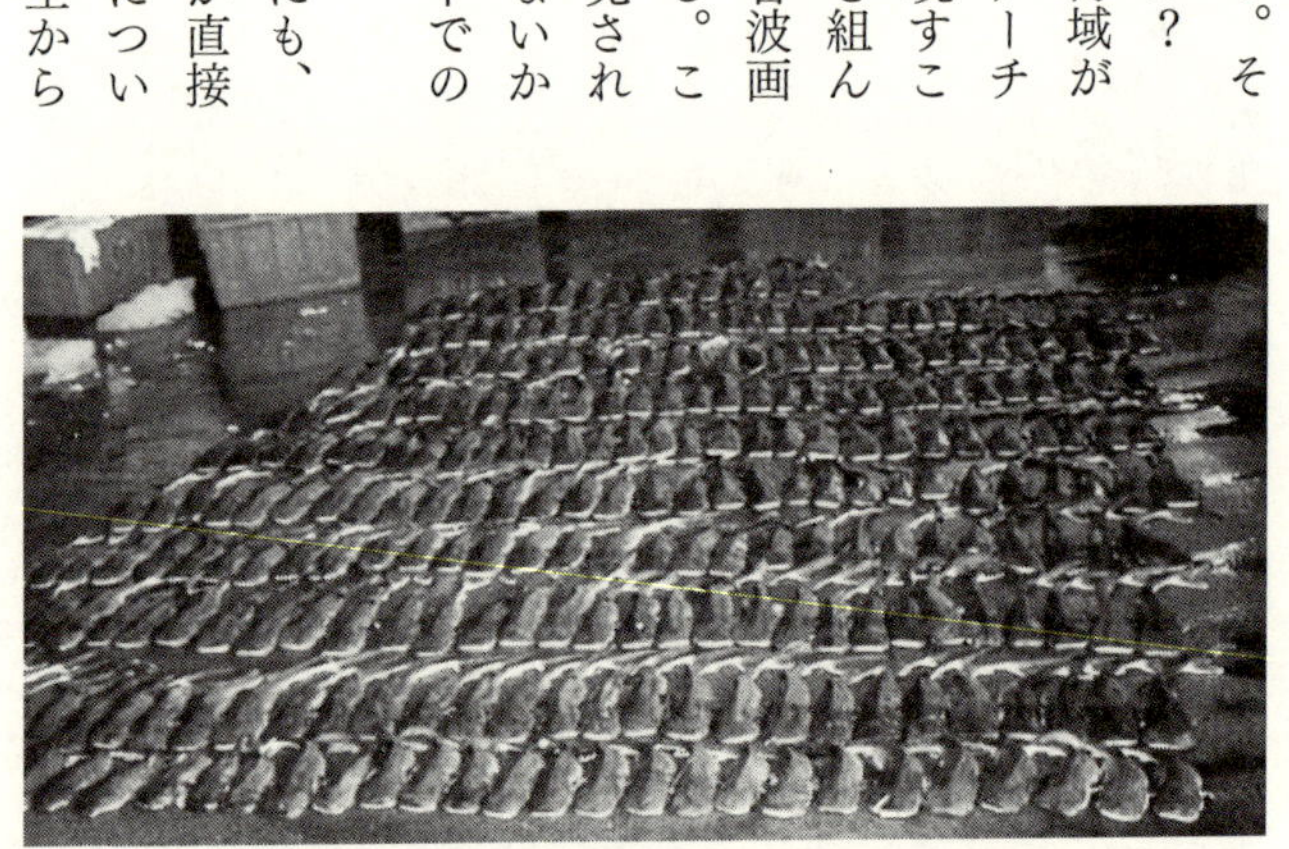

図2－14　“メガマンマ”の子宮内から発見された仔ザメたち

寿命が尽きるまでを直接観察することは不可能だ。世界で最長の飼育記録を持つ沖縄美ら海水族館でさえ、現在の記録は約30年となっている。このまま行けば、やがて水族館の建物自体が先に寿命を迎えてしまう。

一般的に、サメ類の年齢査定には、脊椎骨の輪紋が用いられ、輪紋数に応じて年齢が決定されるのだが、さまざまな海域を大回遊するジンベエザメにおいては、輪紋数と年齢の検証が難しいのだ。また、食性についても近年、炭素の安定同位体を使った手法により、新たな仮説が提起されている。東京大学大気海洋研究所（当時）のアレックス・ワイアット博士と沖縄美ら海水族館が2019年に共同でジンベエザメの血液や組織を調べた報告では、ジンベエザメの栄養段階が予想以上に低く、2・7と推定されることが判明した（動物プランクトンや小魚のみを捕食する場合は3以上となる）。さらに、測定した5個体のうち3個体は、食物連鎖のベースとなる植物プランクトンの窒素安定同位体比が低い海域にいたのに対して、他の2個体は高い海域にいたことが明らかになった。

つまり、これらの結果が意味するところは、ジンベエザメが比較的植物性の食物を摂取している可能性が高いこと、そしてジンベエザメの中にはおもに外洋を回遊し摂餌を行うグループと、沿岸域を回遊し摂餌しているグループが存在する可能性があることが示唆されたのである。

どうやら、日本近海に来遊しているジンベエザメは、すべて同様の回遊経路を持っているわけではなく、個体によって摂餌海域や餌の種類を変えているらしいということだ。これは、長年ジンベエザメを研究対象としている私たちにとっても、大変意外な結果だといえる。私たちは、常に動物の行動にある規則性を見つけ出すことに専念するが、ジンベエザメは人間の研究する習性を手玉に取るほど複雑な生き様をもつのかもしれない。

巨大化と濾過採食への進化

ネズミザメ上目のなかでも、ネズミザメ目は大型捕食者の宝庫だ。その中でひときわ目を引くのが、ジンベエザメに次ぐ大きさを誇るウバザメとメガマウスザメであろう。この2種はともに濾過採食者であり、おもに、動物プランクトンや小魚を捕食する。濾過採食者は560種のサメのうち、これら2種とジンベエザメのたった3種しか存在しない。しかし、面白いことにこれら3種の摂餌方法や餌を濾過する鰓耙（さいは）の形態は、まるで異なっている。

ジンベエザメがプレート上の鰓耙（濾過板）を有する一方で、ウバザメはサバやイワシなどと同様に櫛状の長く細い鰓耙を、メガマウスザメでは比較的太く短い棍棒上の鰓耙をもっている。これら3種は系統的にもやや離れているため、それぞれ独立して獲得した形質であることは言うまでもないが、これほどまでに異なっているのは捕食方法に大きな違いがあるからにちがいないと考えている。

ジンベエザメが強力な吸引能力をもつことは先に述べたとおりだ。一方、ウバザメやメガマウスザメは、ジンベエザメのような吸引能力をもたないため、代わりに何らかの方法で海水中のプランクトンを濾過する必要が出てくる。ウバザメについては過去にも多くの映像に記録されているように、巨大な口を開いた状態で、強力な推進力により鰓換水を行うことが知られている。これをラムフィーディング（押し込み型摂餌）と呼ぶ。これは、プランクトン食の硬骨魚類に広くみられるものだ。

一方のメガマウスザメだが、摂餌方法についてはいまだに仮説の域を抜け出せていない。そもそもメガマウスザメの発見事例がきわめて少なく、人間がメガマウスザメの摂餌している場面に遭遇した例がない。また、他に似たような形態的特徴をもつサメが存在せず、形態からの推定も困難なのだ。そこで立ち上がったのが、ミツクリザメの摂餌方法を明らかにした仲谷博士らである。メガマウスザメの頭部から顎の周りにかけての皮膚の伸縮率や皮膚にみられる皺の走り方から推測すると、本種はヒゲクジラ類のように大量の海水を口腔内に水風船のように含み、内圧を利用して鰓から押し出すように濾し取る方法（Engulfing）で摂餌してい

図2－15　メガマウスザメ　©アフロ

ると彼らは考えた。また、本書の共著者である冨田氏は、メガマウスザメを含むサメ類の吸引能力について、吸引力を得るために顎を押し下げる能力に関わる角舌軟骨の曲げ応力に対する耐性（断面二次モーメント）から推定する方法を研究し、メガマウスザメは吸引濾過ではないと結論づけている。

サメの系統関係から推定しても、ネズミザメ目には高い吸引力をもつサメは存在しないと思われることから、ウバザメやメガマウスザメが吸引濾過を行う能力を独自に獲得したとは考えにくいところがある。いずれの研究から判断しても、メガマウスザメはどうやらジンベエザメのような吸引濾過は行っていないと考えるのが妥当なようだ。私は近い将来、メガマウスザメの摂餌風景が世界のどこかで目撃され、「正解」がもたらされることを期待しているけれども、研究者が真剣にあの手この手で謎を解いていくことも、これまた楽しいことなのである。

世界の海を制したメジロザメ目

メジロザメ目の特徴は、まさに現生サメ類の典型であることだろう。紡錘形の体をもつこと、5対の鰓孔をもつこと、2対の背ビレと臀ビレ（正中鰭）をもれなくもつこと、尾ビレは上部が長く下部が短い非対称な形であること、歯は複数の咬頭をもつことなど、現生サメ類の標準形ともいえる形態的特徴を有する。ここであえて標準形という言葉を使ったのは、これらの特徴が

〝あくまで現生種に限った標準形〟であり、決してサメの祖先的な形態であるわけではない。

メジロザメ目で特筆すべきことは、その種数と多様な環境への適応放散であり、現生のサメで最も成功を収めたグループであるといえる。種数においてサメ類最大の目で、現在（2023年1月）全世界から301種が知られているだけでなく、深海から浅海、外洋から汽水域、さらには河川を遡るサメまでさまざまだ。

そのメジロザメ目は、系統的に大きく4つのグループ：①トラザメ類・②ヘラザメ類・③ドチザメ類・④メジロザメ類に分けられる。このうち、トラザメ類、ヘラザメ類、ドチザメ類はおもに底生性で、特にヘラザメ類は深海性である。一方、メジロザメ類は外洋から沿岸域まで広く分布する遊泳性のサメで構成されており、イタチザメ・オオメジロザメなどシャークアタックの危険性が高い種や、ヨゴレなど外洋性の大型捕食者をふくむ。さらに、シュモクザメのような側方に広がったユニークな頭部の形状をもつサメも出現している。

その中でも、メジロザメ目のトラザメ科は近年、分類の体系に大きな変更が加えられ、トラザメ科とヘラザメ科に分割されたグループである。つい最近まで、トラザメ科は100種を超え、サメの中で最も種数が多いグループだった。

分類学に〝系統〟の概念が持ち込まれる以前には、トラザメ科は「①体は紡錘形をなし、②鰓孔は5対、③背ビレ2基と臀ビレをもち、第1背ビレ基底始部は腹ビレ基底またはそれより後方

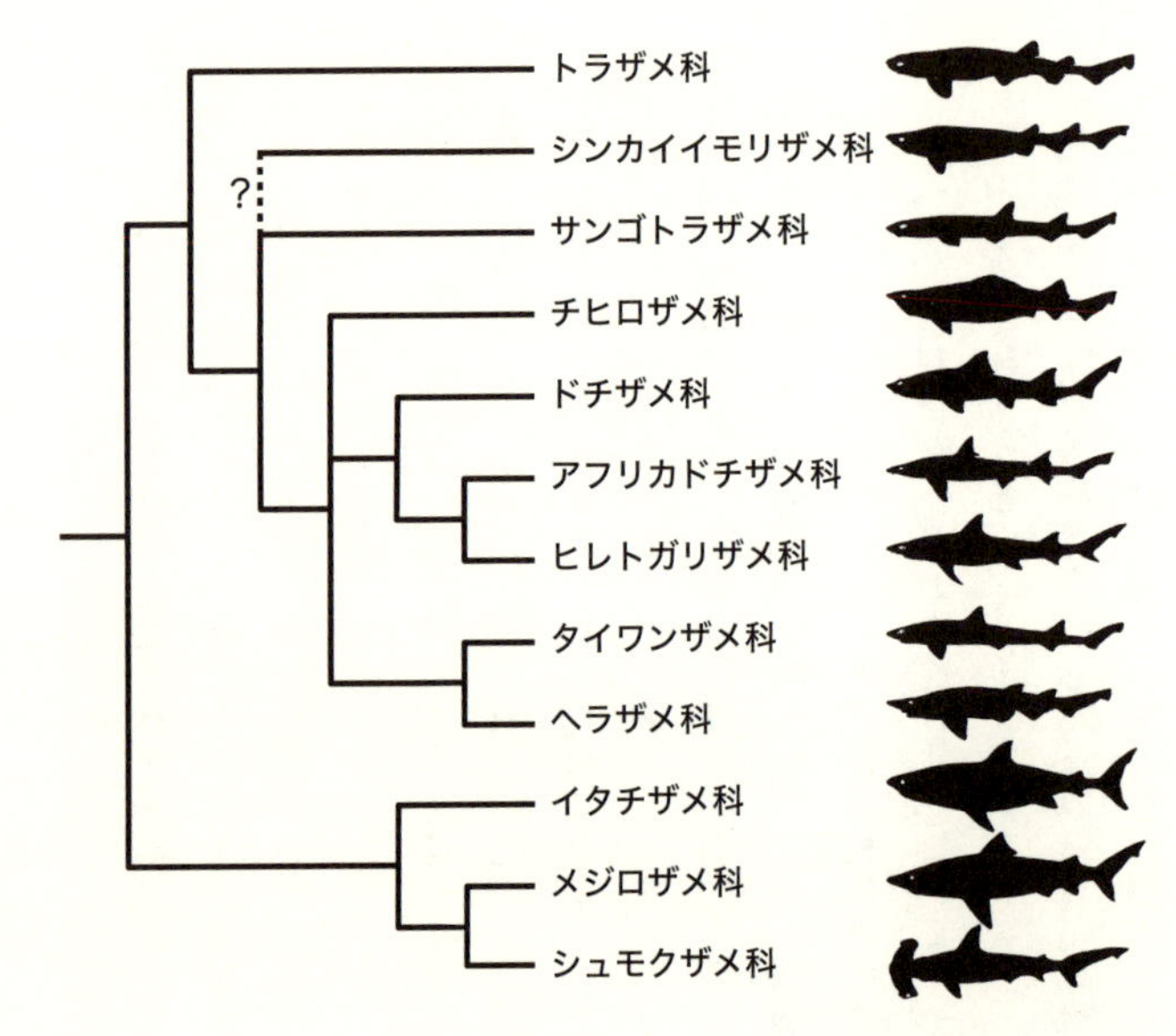

図２－16　メジロザメ目の系統図

に位置する」と定義されていた。

しかし、これらの形質はすべて派生的な形質ではなく、系統をまったく反映していない特徴だった。

特に、形態による系統解析に必要な、〝生態的な適応によらない派生的形質〟を見出すのは、外部形態からはほぼ不可能に近い。それゆえ、形態学者は血眼になって解剖したサメの骨格や筋肉、神経系などをしらみつぶしに観察して、小さな違いを発見しなければならないが、トラザメ科はあまりにも種数が多いうえ、解析に用いることができる形態的な相違を見つけ出すのが、いままではきわめ

図2－17　メジロザメ目のサメたち

て困難であった。

幸い、近年の分子系統解析により系統関係が見直され、分類体系にも多くの修正が加えられ、特にメジロザメ目の中でも高位の分岐関係が明らかになってきた。分子系統解析が盛んに行われたことにより、現在のトラザメ科は種数で6番目のグループとなってしまった。これは、トラザメ科の種数が減ったのではなく、トラザメ科が系統を反映した3つのグループ（トラザメ科、サンゴトラザメ科、ヘラザメ科）に分割された結果なのだ。

淡水域まで進出したオオメジロザメ

偶然か必然かわからないが、サメ類の中で河川に侵入し、淡水域に適応できる種（広塩性種）は2群のみが知られ、いずれもメジロザメ科のサメだ。オーストラリアや東南アジアに分布する*Glyphis*属のサメとオオメジロザメは広塩性で、他のサメとは塩分耐性が明らかに異なっている。ちなみにエイについては、アトランティックスティングレイやノコギリエイ、アカエイなどが広塩性であるほか、南米アマゾンなどで見られるポタモトリゴン属は完全な淡水性種である。東南アジアや南米では、昔からオオメジロザメが河川に侵入し、時に人を襲うことが広く知られており、アマゾン川やミシシッピ川などの大河川では河口から数百キロ上流にも遡る。

じつは沖縄でも、那覇市内を流れている三面コンクリート護岸の都市河川のような場所や、マングローブの広がる河川でオオメジロザメが目撃されることがある。沖縄の河川で目撃されるのは、出産直後の幼魚ばかりで、成熟個体が発見された事例は私が知る限り存在しない。おそらく、沖縄の河川は河口域がきわめて浅く、大型個体の侵入が不可能なのかもしれない。オオメジロザメは比較的沿岸域に多く出現するサメで、春先から夏にかけてが出産の時期であると推定される。したがって、沖縄の河川では、春の初めから秋にかけて目撃例が多くなる。しかし一体なぜ、幼魚とはいえオオメジロザメが広い海からわざわざ川へ侵入するのだろうか？　その理由はいまだに明確な答えが出ていない。

近年、日本やオーストラリアでの研究により、その謎について徐々に明らかになりつつある。東京大学大気海洋研究所の兵藤晋（ひょうどうすすむ）博士らが西表島の浦内川（うらうちがわ）で行った研究によると、オオメジロザメの分布する水域をよく調べた結果、生息が確認できた地点では海水と淡水が層になる塩水（えんすい）楔（くさび）が形成される環境となっていた。つまり、川とはいえ海水がかなり上流まで浸透しており、オオメジロザメは自分が好む海水濃度の水域を、いつでも利用することが可能だ。

さらに、沖縄美ら海水族館と兵藤博士らが行った淡水適応実験により、オオメジロザメは他のサメ類と比較して淡水適応能力が優れていることがわかった。特に、低塩分の飼育水中で実験した個体の腎臓に発現している遺伝子を調べた結果、塩化ナトリウムや尿素などの再吸収にかかわる重要な働きをする、膜輸送タンパク質の遺伝子が多く発現していることがわかった。

一方、体液の組成など、体の恒常性を維持するしくみを考えると、オオメジロザメとはいえ、低塩分あるいは純淡水中で生きていくことは容易ではないことも判明した。これらの情報を合わせると、おそらくオオメジロザメは低塩分の環境に適応可能な能力をもつが、純淡水域を好むわけではないこと、西表島のオオメジロザメは、ほどよく海水が浸透している塩水楔を上手く利用しながら、何らかの目的をもって河川域に侵入していると推測される。

それではなぜ、オオメジロザメは浸透圧のリスクを冒してまで川に侵入するのか？　現在私たちが知りうる方法から推測すると、マングローブの森や、汽水域の砂泥域に形成される豊かな餌環境を利用していることが考えられる。オオメジロザメは河川に棲むカニ類や魚類を多量に捕食していることからも、このことは間違いないだろう。

意外かもしれないが、沖縄のサンゴ礁の海は、生物多様性に富んだ環境である一方、貧栄養の海水のため生物の生産力が低く、大型生物にとっては餌資源にきわめて乏しい環境だ。それに比べると、マングローブが広がる浦内川や、栄養塩が豊富な都市河川では、餌生物の量も多く、捕

図2－18　オオメジロザメ　©シーピックスジャパン

食が容易である。また、マングローブを形成する複雑で狭い水域では、オオメジロザメの幼魚を超える捕食者は存在しない。

つまり、これらの環境は、オオメジロザメにとって餌資源を独占的に利用が可能で、なおかつこのうえない安全な保育園のような環境なのだろう。

正体不明なグループの存在

かつて、メジロザメ目のトラザメ科は、130種以上からなる一大グループであった。ところが、研究が進むにつれて、トラザメ科は祖先が異なる多系統的なグループであることが明らかとなり、分類学上も3つの科に分割されることになる。

この分割された、いわゆる「旧トラザメ科」のサメの中には、いまでも所属がわからない種が存在している。その名もシンカイイモリザメ。じつはこのサメ、外見上はイモリザメ属のサメとほぼ同じ場所に分布し、姿かたちがどれもそっくりなのだ。イモリザメ属の最大の特徴は、尾部上縁に肥大した楯鱗が形成する隆起線をもつことである（ヤモリザメ属も尾部の隆起線をもつが、肥大した楯鱗の形状が異なる）。このシンカイイモリザメは、尾部の隆起線をもっていることから、長い間イモリザメ属の一種とされてきた。

いまから20年以上前のある日、私がヘラザメの調査で滞在していたニュージーランド国立博物館の標本容器の中に、見慣れない顔つきをしたイモリザメを発見した。当時の検索表を使うと確かにイモリザメ属に同定されるのだが、頭部の肌触り、卵殻の形状や数が他のイモリザメ類と何かちがうことに気づいた私は、X線や外部形態の写真撮影と計測だけを行い、日本に戻ってきた。

すると今度は、当時所属していた大学の標本の中に、ニュージーランドで見たものとそっくりなサメ（シンカイイモリザメ）が現れた。私はその後、かつて博物館で発見した謎のサメがシンカイイモリザメの近似種であること、それらは骨格や繁殖の形態が特殊であることから、イモリザメではない新しい属群とすべきではないかという仮説を立てた。しかし、当時の私のもつ形態的な知見だけでは、系統的な関係を解明することがほとんどできず、その後長い間、この問題は棚上げとなっていた。

転機が訪れたのは2013年、私がオーストラリアで開催された国際会議でこの正体不明のサメについて発表を行ったことだ。オーストラリアやニュージーランドの研究者が興味を示し、その後、南半球の海域から多くのシンカイイモリザメに似たサメが発見された。そしてついに、2024年の春、オーストラリアのウィリアム・ホワイト博士ら私たちの研究仲間が、DNA情報に基づく解析により、シンカイイモリザメをふくむ3種が新科・新属であること、そのうち2種が新種であることを論文として発表した。そのうち1種には、私の発見に対する敬意の証として、*Dichichthys satoi*という学名をあたえていただいた。

しかし、これで一件落着とはいかない。このサメたちの祖先については、これまでの解析でもまだ明確になっていない。また、なぜ祖先が異なる2つの系統群のサメが似た者同士の進化の道を選んだのか、私たちの研究の種はつきないのである。いつの日か、水族館でイモリザメとシンカイイモリザメを同時に飼育して、この謎を明らかにしてやろうと、ひそかに考えている。

図2－19　シンカイイモリザメ

分子系統学か形態学か

じつは専門家でも難しいサメの種分類

とてもシンプルな外部形態をもつサメの種特有の特徴を見出すことは、サメを専門とする分類学者でもきわめて難しい。現に、私が突然何の情報もなくメジロザメ属やツノザメ属の標本を見せられたとしても、正確に種を判別し名前を特定することはとても難しい。少なくとも、1990年代前半までは、ほぼすべての新種記載は形態情報のみに頼っていたのだが、それ以降になると新種の記載は形態情報とDNAの塩基配列が併用されるようになった。それによって、これまで見落とされていた種や隠蔽種などが数多く発見され、種数の爆発的増加につながったといえる。これは、種分類だけではなく、高次分類（目、科、属など、種を超えた階級）にも大きな革命をもたらした。

そこでいつも話題に上るのが、形態情報と遺伝情報が異なる結論を導いたらどうするか？　という議論だ。形態は遺伝子が発現した「表現型」だが、個体ごと、あるいは個体群ごとの環境要因によって、形質が変化し評価が難しくなる場合がある。分類学者は、膨大な観察データから、種に特有の形質を見極め、環境要因や個体ごとの変異を取り除いて結果を導くことができるよう、高度にトレーニングされた人々といってよいだろう。

一方、「遺伝子型」の解析は表現型のデータと異なり、4つの塩基配列のみで構成される客観性と再現性の高いデータであり、そのデータ量は形態から得られるデータ量をはるかに超える。また、サメの塩基配列の分析は専門家でなくても手法さえ正確にマスターすれば誰にでも可能で、ほぼ同じ結果が得られる。このようにいってしまうと、〝再現性〟という観点から形態比較による分類はかなり分が悪くなってしまうが、常にDNAの塩基配列の分析だけが万能とはいえないのである。

このように、際立った特徴を持たない多数の種によって構成されるがゆえ、形態形質でメジロザメ目やツノザメ目のサメを種同定するのは、専門家の眼をもってしても難しい。

メジロザメ目やツノザメ目の中で特に種同定が難しいと実感するのは、①ホシザメやエイラクブカの仲間、②メジロザメ属、③深海のヘラザメ属、ツノザメ属、アイザメ属だ。もし私の目の前に、これらのサメが何の情報もなしに置かれていたとして、即座に正しく種名を的中させる自信はまったくない。

形態学は永久に不滅

形態学が分子系統学に敗北を喫したわけではない。これまで議論されてきた形態学的な議論は、分子系統樹と概ね矛盾するものではなく、単にデータの質とデータの解析方法の違いによる相違だと考えてよいと思う。実際に、分子系統樹に形態学的データを当てはめていくと、多くの分岐が共有派生形質によって支持されており、DNAの塩基配列に基づく分子系統解析と形態形質による仮説が大きく矛盾しないことがわかる。

ところが、サメの単系統性を支持する共有派生形質は、まったく見つかっていないことに気づくだろう。これが、白井博士やデ・カルヴァーリョらが、サメ・エイ二分岐仮説を否定する原因となっているのだ。ちなみに、サメをエイと識別する形質である鰓孔の位置（体側に開口する）は、魚類において派生的な形質とはいえず、むしろ原始的な形質であるため、サメの単系統性を支持する形質とはみなされない。

白井仮説の発表当時、革新的な系統仮説として世界中の研究者に受け入れられた。それほど形態形質の客観性を担保し、なおかつ美しく明解な系統樹を、サメ学者たちは見たことがなかったのである。しかし、どれほど美しい系統樹であっても、それはあくまで一つの仮説であり、研究の進歩とともに変化するのが常だ。むしろ、DNAというデータがない時代に、これほどの精緻な仮説を構築した白井博士らに敬意を表すとともに、比較形態学の面白さや重要性を訴えていきたいと私は思う。

分類の世界で、それぞれの種を同定・新種記載するため、新種が報告される際にはかならず模式標本（タイプ標本）という基準となる標本が指定される。通常は1個体の完模式標本と複数の副模式標本が指定され、自然史博物館等に永久保存される。

現在知られているサメの模式標本の多くは、ホルマリンやアルコールの水溶液中に保存されている液浸標本であるため、多くの場合、遺伝子配列の解析に適していない。新種を記載する場合に不可欠な模式標本との比較は、ほとんどの場合は形態的なデータだけが頼りとなるため、そのグループを熟知した比較形態学のスペシャリストの知見が鍵となる。

さらに、その生物が捕獲された際のデータや生態的な特徴など、種の特徴を総合的に理解したうえで、その種が同種か別種かを判断する必要もある。分類学の世界では、遺伝子を解析する以前に、形態や生態的特徴などをふくむ表現型の観察は不可欠だ。そもそも、動物学者にとって、動物の体や習性を丁寧に観察することは当たり前だが、世界的に見ると、特に欧米で過度ともいえる動物倫理が高い壁となってしまい、サメの研究において形態学や解剖学の分野が軽視されている感じがしてならない。

ここでは、分類学の手法や理論、種の概念などについては述べていないが、『生物を分けると世界が分かる　分類すると見えてくる、生物進化と地球の変遷』（岡西政典著、講談社ブルーバックス）を参考にされたい。

第3章 サメの進化史

執筆 冨田武照

第3章では化石証拠をもとにサメのルーツをたどることにしたい。前章で解説したとおり、現在の地球にはわかっているだけで560種のサメが生きている。彼らはどのような進化の過程を経て、現在に至ったのだろうか。その過程はいまだに多くの謎に包まれているが、近年の研究によって、その一端が明らかになってきた。

本章は、現在から過去へと時間を遡っていく構成となっている。前半では、皆さんに馴染み深いサメをいくつかピックアップし、その進化の歩みを解説しよう。そして、後半では、さらに時代を遡り、現生のサメ・エイの共通祖先、さらに現生のサメ・エイの系統から分岐した古代ザメについて解説する。そして最後に、サメの進化の最もディープな世界——サメの究極の祖先に迫っていく旅に皆さんを招待しよう。

3-1

現生種の祖先たち

スーパープレデターの系譜

スーパープレデター（超捕食動物）――なんて少年心をくすぐる呼び名なのだろう。大型の獲物を圧倒的な力で捕らえ、殺し、胃袋に収める。ホホジロザメは、そんなスーパープレデターの呼び名にふさわしい風格を持っている。性成熟すると全長5メートル、体重は1・5トンに達し、その狩りの対象は鯨類などの大型生物もふくまれる。魚の中では異例の、体温を一定に保つしくみを持っており、寒い海域でも活発に狩りを行うことができる。しかし、意外なことに、このサメがいつどのように地球上に誕生したのか、その進化の足取りが明らかになってきたのは比較的最近のことだ。

詳細は思い出せないのだが、私が子供の頃、古生物学の本にはこんな説明が書かれていた。

「ホホジロザメの祖先は巨大な体を持っていました。このサメは地球の寒冷化とともに小型化し、現在のホホジロザメの姿になりました」

このホホジロザメの巨大な祖先というのはカルカロドン・メガロドンのことだ。私が知る限りムカシオオホホジロザメやオオハザメなどいくつかの和名が存在するが、一般にはメガロドンと呼ばれることが多い。このサメは2500万年前頃に出現したとされ、世界各地から歯の化石が見つかっている。その歯の大きさは手のひらサイズに達し、ホホジロザメの比率をもとに計算すると、最大全長は16メートル程度とされる。近年の一個体分の歯をもとにした推定によれば、20メートルに達した可能性もあるという。20メートルといえば、あなたが今朝乗り込んだ通勤列車の一両分の長さに匹敵する大きさだ。

メガロドンは、その巨体ゆえ、小説に書かれたり映画に登場したりと、一般によく名前の知られたサメであるが、その実態は多くが謎に包まれている。メガロドンの魔力に取りつかれるのは、我々研究者も同じこと。ふだんはロジックに誰よりうるさい我々も、ことメガロドンについては驚くべき大胆さを発揮する。曰く、メガロドンの噛む力は18トン。曰く、体重は61・6トン。曰く、平均遊泳速度は秒速1・4メートル——論文にはこのような値（いずれもサメの中で最大）が並んでいるが、いずれもホホジロザメをスケールアップして算出したもので、それほど強い根拠があるわけではない。

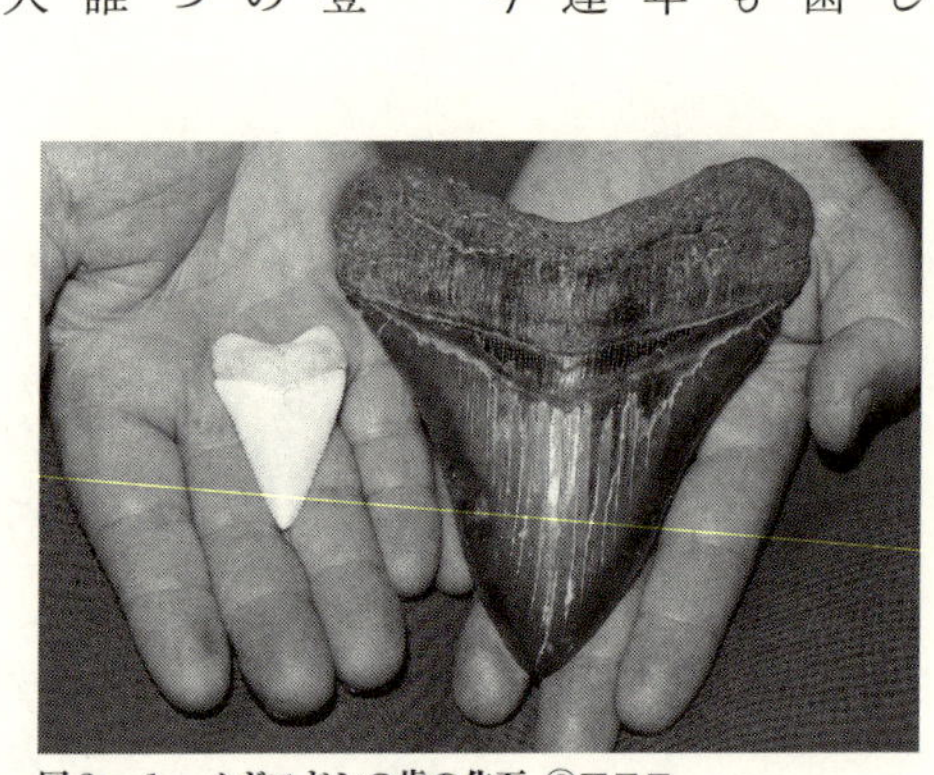

図3－1　メガロドンの歯の化石 ©アフロ

メガロドンがホホジロザメの直接の祖先と考えられてきたのは、その歯の形がホホジロザメによく似ているからである。実際、若いメガロドンの歯は、専門家でなければホホジロザメと見分けがつかないだろう。さらに状況証拠とされてきたのが、メガロドンが地球上から姿を消すタイミングである。それは、350万年ほど前のことであり、多少のオーバーラップはあるものの、およそホホジロザメの出現時期と一致する。

ところが、このようなサメの祖先―子孫の関係を議論する上で、いつも古生物学者の頭を悩ませるのが、歯の形が似ているからといって近縁といって良いのかという問題である。なぜならば、歯の形はその機能と密接な関係があり、異なるグループのサメが驚くほど似た形の歯を進化させることがあるからである。第1章で紹介したイタチザメとスクアリコラックスの缶切り型の歯は、その好例だ。

メガロドンはホホジロザメの祖先なのか

1980年代、「ホホジロザメの祖先はメガロドン」説に異議を唱える研究者が現れた。その旗振り役となったのが、パリにある国立自然史博物館のアンリ・カペッタ博士だ。サメの歯化石の最大の強みは、その化石記録の連続性である。一生のうちに大量の歯を使い捨てるサメは、歯にかぎっていえば、脊椎動物の中で最も化石記録が充実しているグループの一つである。そのため、同じ系統のサメが、地質時代を経てどのように歯の形を変化させてきたのか追跡することができる。この強みを活かして、ホホジロザメとメガロドンの関係性を明らかにしようというのが、カペッタ博士の作戦だ。

メガロドンはかなり長期にわたって地球上に君臨していたサメである。その期間は、じつに2000万年。恐竜絶滅が6500万年前だから、おおよそ恐竜が絶滅してからの三分の一の期間、世界中の海に生息していたことになる。じつは、この2000万年の間に、メガロドンの歯は徐々に形を

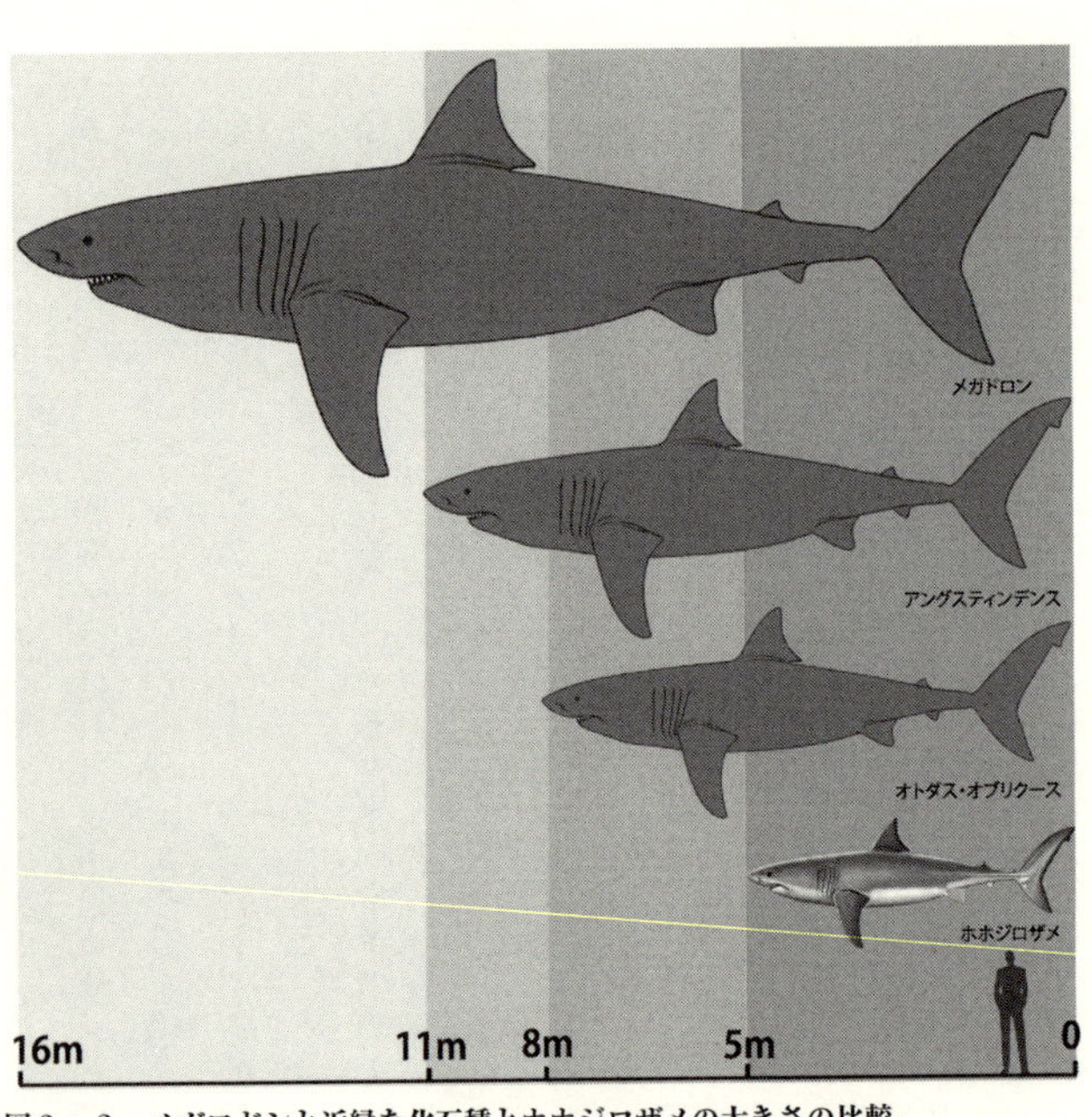

図3－2　メガロドンと近縁な化石種とホホジロザメの大きさの比較
化石種の体型は不明なため、ホホジロザメをスケールアップして示している。

変えてきたことが知られている。たとえば、初期のメガロドンの歯は相対的に小さく、三角形の歯の両脇に小さい突起（副咬頭という）が発達しているという特徴がある。さらに時代を遡ると、この突起はさらに大きく目立つようになる。

こうなるとこの化石はもはやメガロドンとは呼ばれず、アングスティデンスという別種として認識されるようになる。重要なことは、このアングスティデンスの歯がオトダス・オブリクースという5000万年前に生きていたサメを彷彿とさせることである。確かに、オトダス・オブリクースの歯は縁にギザギザがない。つまり鋸歯をもたないことを除けば、両者のシルエットはよく似ている。つまりは、メガロドンの進化を遡ると、オトダスの仲間に行き着くというのがカペッタ博士の主張である。

この結果が意味するところは重大である。なぜなら、メガロドンはオトダス科という古代ザメの系統に属するサメであり、ネズミザメ科に属するホホジロザメとは別のグループのサメということになるからだ。別の言い方をすれば、メガロドンとホホジロザメは、歯の形が似ているだけの「他人の空似」だということだ。メガロドンの名前は、その系統仮説が変わるごとに度々変更されてきたが、オトダスの仲間であることが定説となった現在、ホホジロザメの属名であるカルカロドンが剝奪されて、オトダス・メガロドンと呼ばれている。

ホホジロザメの祖先はメガロドンとは別にいる——このカペッタ博士の予想は、後のある化石の発見によって、大きく信憑性を増すことになる。

ホホジロザメの本当の祖先、ついに見つかる?

ゴードン・ハッベル――この男の名前はサメ好きの間ではとても有名だ。米国フロリダ州ゲインズビルにある彼の自宅はまるで博物館だ。一室の壁には、大量のサメの顎が整然と並び、中央の展示ケースの中には、極上のサメの歯の化石が陳列されている。彼は、いわゆる「プロの」サメ研究者ではない。長年マイアミ動物園で獣医師として、また園長として働いてきた人物である。彼の休日の楽しみは魚釣りであり、特にサメには特別な思いを持っていた。いまから30年前のある日、友人の誘いでフロリダ州北部に化石採集に出かけ、サメの歯の化石を発見したことが彼の人生を決定づけた。彼はサメの化石を自ら採集、あるいは購入するようになり、その数はいつしか3万点を超えていた。

そんな彼のコレクションの中でひときわ目立つ化石がある。1988年に南米ペルーで約1000万年前の地層から農民によって発見されたものだ。大きく開けた顎がそのまま化石となり、その顎には鋭い歯がずらっと並ぶ。歯の形は三角形で、縁には鋸歯が見える。これは、現在知られている中で最も保存状態の良いホホジロザメの頭部の化石だ。この化石に本格的に科学のメスが入ったのは、2000年代初頭のことである。当時、フロリダ大学の博士課程の学生であったダナ・エーレット博士は、この化石を詳細に観察し、ある違和感を感じていた。たとえば、歯を一本取り出してみても、そのシルエットは現生のホホジロザメの歯より明らかに細長く、鋸歯が小さく不明瞭だ。

彼は地道な調査の結果、ある結論にたどりついた。この化石は、ホホジロザメに似て、ホホジロザメにあらず。彼はこの化石こそ、ホホジロザメの祖先に近い動物だと考え、2009年にホホジロザメ属の新種、カルカロドン・ハッベリと命名した。この「ハッベリ」はもちろんハッベル氏に由来する。氏はこの化石をフロリダ自然史博物館に寄贈した。化石は手放すことになってしまったが、彼の名前は、古生物学の歴史に永久に刻まれることになった。

ハッベルの化石が明かすホホジロザメの起源

カルカロドン・ハッベリの研究から面白い

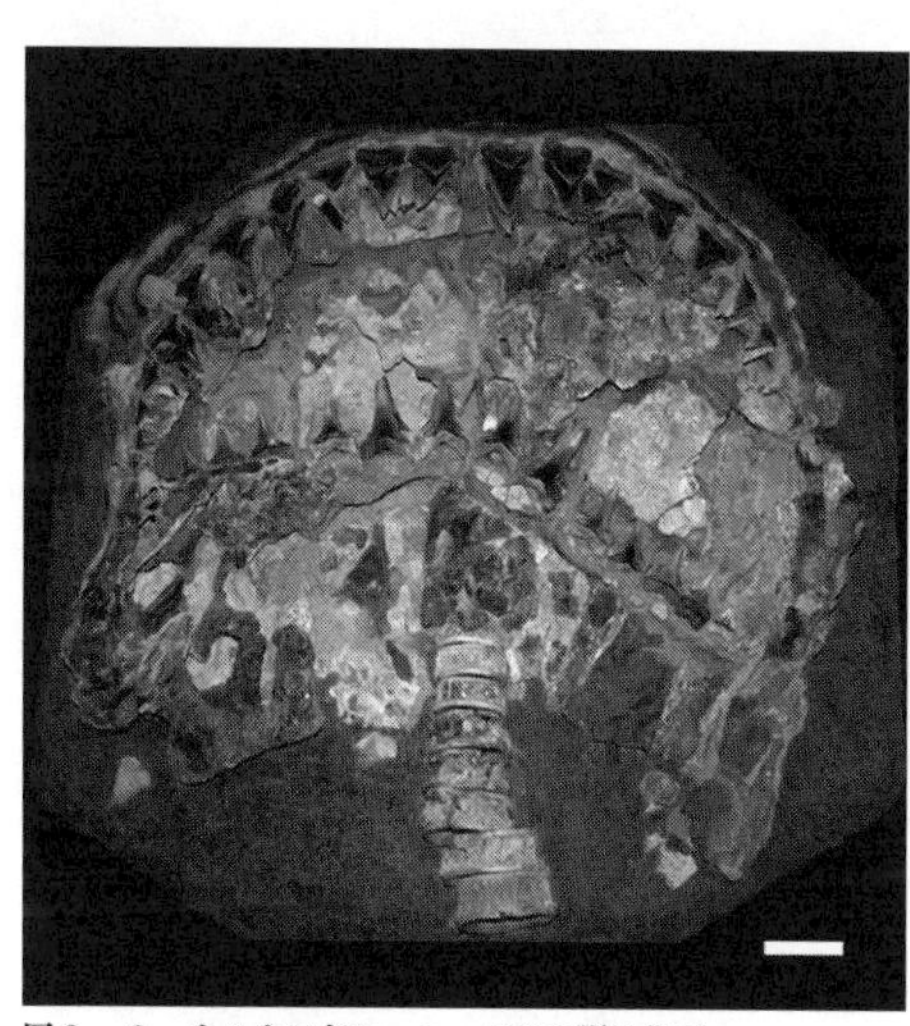

図3－3　カルカロドン・ハッベリの顎の化石
(Ehret et al., 2012)

ことがわかる。それは、カルカロドン・ハッベリと現生のアオザメとの強い関係性である。アオザメは、最も速く泳ぐサメとして知られており、多くのホホジロザメと共通する身体的特徴を持つ。両者の近縁性は、近年の遺伝子の研究によっても裏付けられており、現生種の中でアオザメはホホジロザメに最も近縁なサメとされている。エーレット博士が観察したカルカロドン・ハッベリの歯の特徴――細長い歯のシルエットと不明瞭な鋸歯――は、まさにホホジロザメとアオザメの歯のちょうど中間型といえるものだ。

およそ1000万年前、アオザメの系譜から分かれたホホジロザメの祖先は大型化の道を進み、より大型の餌を捕食できるように幅広くて鋸歯の発達した歯を手に入れた。この途中の姿を私たちに教えてくれる化石こそ、カルカロドン・ハッベリだというわけだ。

ホホジロザメはメガロドンを滅ぼしたのか？

近年の研究では、ホホジロザメとメガロドンが別の起源を持つことを示しており、もはやメガロドンがホホジロザメの直系の祖先であると考える研究者はほとんどいない。一方で、残されている謎がある。それはメガロドンからホホジロザメへの交代劇の真相だ。これは、かつていわれていたように、ホホジロザメがメガロドンを絶滅に追いやったことを意味するのだろうか？

この疑問にスポットライトを当てる研究が近年発表された。ドイツのマックスプランク研究所のジェレミー・マクコーマック博士らが着目したのは、メガロドンの歯にわずかにふくまれる亜鉛だ。じつは、亜鉛元素には、わずかに重さの異なるバリエーション（同位体）が存在している。なかでも、動物の体にふくまれる亜鉛66という同位体が、その動物の食物ピラミッドでの位置の指標になることに、彼らは目をつけた。彼らは同時期に生きていたメガロドンとホホジロザメの化石にふくまれる亜鉛66の量を測定し、その値が同程度であることを明らかにした。これは、両者が食物ピラミッドにおいて同じくらいの地位にいたこと、つまり生態系において競合関係にあった可能性を示すものと考えられる。彼らの研究は、直ちにホホジロザメがメガロドンを絶滅に追いやったことを示すものではないが、興味深い研究結果であることは確かだ。

一方で私自身は、メガロドン絶滅の謎は、メガロドンとホホジロザメだけに着目していても永久に解くことはできないだろうと感じている。じつはメガロドンの生きていた時代は、メガロドンだけが特別な存在だったわけではない。日本周辺だけでも、メガロドンとホホジロザメの他に、少なくとも4種類のホホジロザメに匹敵するサイズの近縁種が生きていたことが知られている。さらに、カグラザメやカマヒレザメなど、別のグループに属するサメも同時期に大型化していたとする研究がある。つまり、メガロドンが生きていた時代はスーパープレデターがウヨウヨしていた時代なのだ。私は、メガロドンの絶滅の本質は、このスーパープレデター全盛の時代がなんらかの要因で終焉したことにあると思っている。地球の寒冷化がその引き金を引いたのか、その要因はいまだ謎に包まれている。

スーパープレデターの小さな祖先

メガロドンとホホジロザメは直接の祖先—子孫の関係性はおそらくないものの、大きく見れば共にネズミザメ目というグループに属している。現在のところ、最古のネズミザメ目として知られているのは、プロトラムナというサメである。歯の化石のみが日本を含む世界各地の1億年ほど前の恐竜時代の地層から見つかっているが、体の形などはまったくわかっていない。注目すべきはそのサイズで、一個の歯の長さは5ミリメートルから1センチメートル程度である。小指の爪くらいのサイズといったらイメージしやすいだろうか。おそらく全長1メートル足らずのサメで、遠い子孫となるホホジロザメやメガロドンなどのスーパープレデターの面影はない。

プロトラムナの出現からわずか数百万年後には、ネズミザメ目は爆発的な適応放散を見せることになる。恐竜時代の終わりごろになると、全長5メートルを超える「恐竜時代のホホジロザメ」などと

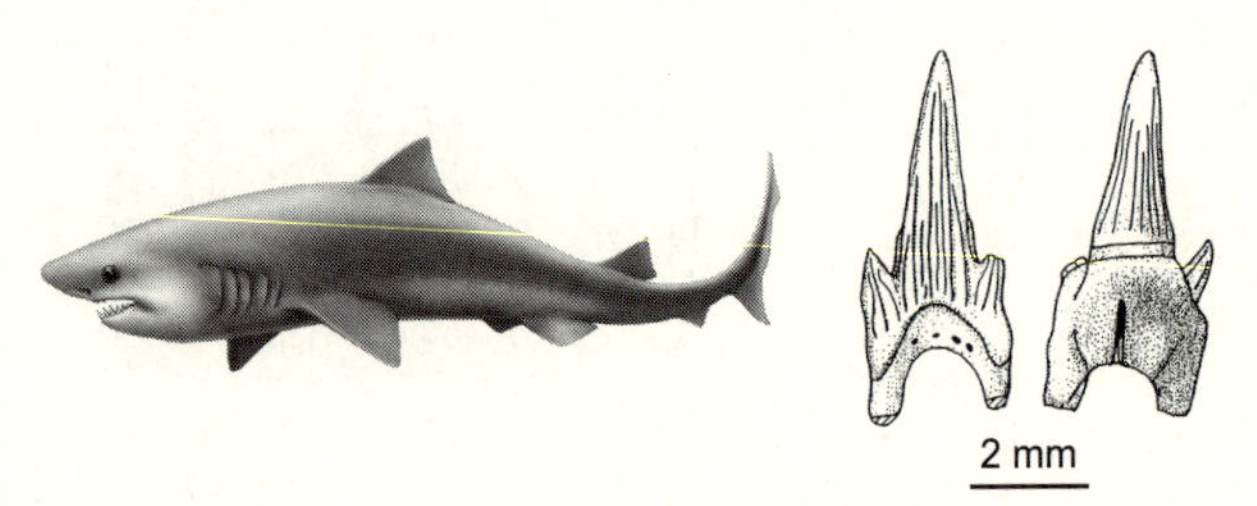

図3－4　プロトラムナの全体復元図と歯の化石のスケッチ(Kriwet, 1999)

称されるクレトキシリナなどの大型種が多数現れている。イタチザメそっくりの歯を持つスクアリコラックスが生きていたのもこの時代だ。

異例だらけの恐竜時代のネズミザメ目

恐竜時代のネズミザメ目の多様性を示す面白い例を一つ紹介しよう。このサメの名前はプチコダスという。私とこのサメには個人的な因縁がある。このサメとの出会いは2008年のことだ。修士課程の学生だった私は、恐竜時代のネズミザメ目の化石を調べるために北米カンザス州を訪れていた。ある休日に、現地の大学で古生物を学ぶ友人2人に誘われてドライブに出かけていた。地平線まで続くまっすぐな道路の両脇には赤茶色の真っ平らな大地が広がっている。この大地こそ、恐竜時代に北米大陸を東西に分断していた巨大な内海、「ウエスタン・インテリア・シーウェイ（西部内陸海路）」の海底だった場所である。車を道路の路肩に停めて、周辺を散策していると、1センチメートルほどの真っ黒な化石が地面の上に転がっていた。表面は動物の歯特有の光沢がある。友人たちに見せると、プチコダスという種類のサメの歯だという。形は、到底サメの歯には見えない。上は平面で、あえていうならば、馬の鞍（くら）のような形をしている。

プチコダスの発見の歴史は、いまから約100年前に遡る。当初より、このプチコダスは正体不明の軟骨魚類とされ、エイの仲間だと考えられた時期もあったようだ。その後、歯が一個体分セットになって発見され、上下の顎に多数の歯が、タイルのように整然と敷き詰められていることが明らかになった。おそらく、臼歯のような歯で、硬い殻をもつ生物を嚙み砕いて食べていたのだろう。ところが、プチコダスの頭より後ろの部分は部分的な背骨以外は発見されず、どのような姿のサメだったのか、ずっと明かされることはなかった。

そんな謎多きプチコダスに私が再度かかわることになるのは、2020年のことだ。私はある書籍のイラスト監修を行っていた。そのイラストの一つとして選ばれていたのがプチコダスだった。当初、担当イラストレーターから送られてきた復元画には、ホホジロザメのような体形のサメが描かれていた。私は一目見るなり、この復元画は誤りだと断じた。現生で硬い殻をもつ生物

図3－5　プチコダスの生体復元図
上は旧復元図、下は新復元図

を食べているサメは、遊泳性が高くない種類ばかりで、どちらかといえば海底で休息しながら生きているサメだ。私は、オオテンジクザメの体形を参考に、底生性のプチコダスの復元図を描き、イラストレーターに修正を求めた。私の復元画を元にイラストは描き直され、同年に本は出版された。

4年の時が流れ、2024年に一本の論文が北米の研究者によって発表された。曰く、長らく不明だったプチコダスの全身の姿がついに判明したという。そこには、メキシコで発見された全身のシルエットがくっきり残ったプチコダスの美しい化石の写真が掲載されていた。その写真を見た私は目を疑った。三日月型の尾ビレに短い体——その体形は、ホホジロザメのような遊泳性のサメそのものであった。なんてこった。私の予想は完全に外れたのだ。さらに驚くべきは、このプチコダスの骨格の特徴は、このサメがネズミザメ目の一種であることを示しているということだ。臼歯のような歯をもつネズミザメの仲間は現在の海には存在しない。恐竜時代には、外洋を泳ぎながらアンモナイトのような硬い殻をもつ生物を食べるサメがいたということだ。専門家の浅知恵など、現実の化石の前には無力であるということを学んだ苦い経験となった。

プランクトン食のサメたちの進化

ここまでホホジロザメを中心としたネズミザメ類の進化の歴史を見てきたが、もう一つの人気者、プランクトン食のサメの進化を見ていこう。彼らの最大の魅力はその巨体だ。現生のプランクトン食のサメは7メートル以上に成長することで共通しており、大きいほうから、ジンベエザメ、ウバザメ、メガマウスザメの3種が知られている。これら3種は、それぞれ独自の進化を経て、プランクトン食を獲得したことがわかっているが、この進化の足跡は化石からどの程度追うことができているのであろうか。

２０１８年、驚くべき化石が報告された。コーカサス地方の４０００万年前の地層から発見されたものだ。一畳ほどの広さの石板に、１匹のサメの全身骨格が横たわっている。その化石を調べたロシア科学アカデミーのアルテム・プロコフィエフ博士は、その鰓のあたりに意外なものを発見した。そこにあったのは、巨大なブラシのような構造だ。その、ブラシの毛のようなものを一本取り出してみると、片側の先は細く尖り、もう片側は釣り針のように折れ曲がっている。彼らには、この構造には見覚えがあった。ウバザメがプランクトンを濾し取るのに使っているフィルターの部品だ。そう、彼らが発見したのは４０００万年前のウバザメの化石だったのだ。そして、この動物はコーカサソカズマと名づけられた。「コーカサスの口」という意味だ。

彼らの興味を引いたのは、その体のサイズである。化石になる過程で頭部は失われてしまっていたが、全長はおおよそ3メートルと推定された。ペニスが十分に発達していることから、すでに成魚であることが分かる。3メートルと聞くと大きく感じるかもしれないが、現在生きているウバザメの成魚が全長10メートルを超えることを考えると明らかに小さい。つまり、コーカソカズマは、巨大化する前のウバザメの姿を我々に教えてくれるものだ。

古代のウバザメが、プランクトン食をすでに開始していたということは、重要な意味を持つ。なぜなら、プランクトン食の開始が、体の大型化の前に起こったことを示しているからだ。プランクトン食者の進化に関する疑問の一つに、プランクトンを食べるようになったから体が大きくなったのか、それとも体が大きくなったからプランクトンを食べるようになったのか、というものがある。「卵と鶏どちらが先か」みたいな議論だが、コーカソカズマを見る限り、どうやらプランクトン食を開始したのが先らしい。ちなみに、同様の現象がヒゲクジラでも知られている。私は学生時代に北海道の足寄町（あしょろちょう）で、4000万年前に生きていた

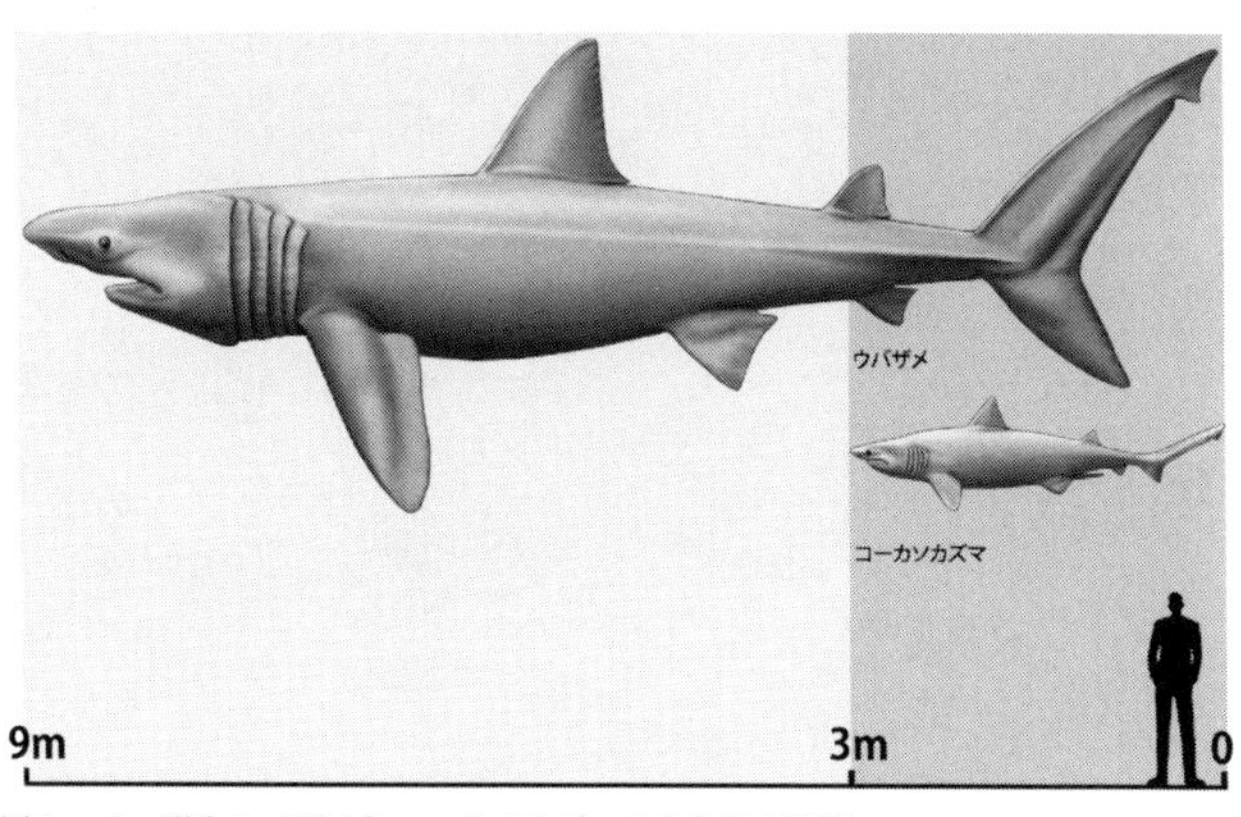

図3－6　現生ウバザメとコーカソカズマの大きさの比較

原始的なヒゲクジラの化石を調査したことがある。彼らはプランクトンを濾し取るためのヒゲをすでに持っていたと考えられているが、彼らの体の大きさは4メートル前後で、現在のヒゲクジラに比べて小型だ。

ウバザメの最古の化石は、コーカソカズマよりさらに1000万年ほど前に遡るが、フィルターの一部が見つかっているだけで、どのような姿をした動物だったのかはまったく不明である。興味深いのは、その発見地が南極のシーモア島であることだ。現生のウバザメは豊富な餌を求めて高緯度の冷たい海に頻繁に出現することが知られているが、太古のウバザメも同じような生態を持っていたのだろうか。

小さい歯が語るプランクトン食の進化

ウバザメの進化のプロセスが、美しい全身化石の発見によって明らかになった一方で、それ以外のプランクトン食のサメの進化は、小さい歯の化石のみによって推定されている。

そんな努力の成果の一つが、メガマウスザメだ。現生のメガマウスザメの歯は、大きく反り返った円錐形をしているのだが、その化石が地質時代を通じて発見されている。現時点で最古の記録は、デンマークから発見された、いまから3600万年ほど前のものだ。米国デポール大学の島田賢舟（けんしゅう）博士らによって記載されたこの化石は、現生のメガマウスザメと非常に良く似た形をしているのだが、決定的な違いがある。それは、両脇に、2つの大きい突起（副咬頭）がついているのだ。この突起こそ、メガマウスザメが魚食性のサメを起源とする証拠と考えられている。くわえた魚をガッチリつかめるように、魚食性のサメは歯に副咬頭を持つことが多いからだ。

メガマウスザメの研究の過程で、誰もが予想しなかった別の発見があった。2007年、島田博士らは小さい2本の歯を速報という形で発表した。歯の形からメガマウスザメの仲間と考えられたが、産出年代は9500万年前だという。これが正しければ、最古のメガマウスザメの化石の発見ということになる。さらに、この産出年代が意味ありげなのである。というのも、DNA情報に基づく推定では、メガマウスザメの出現した時期は、約1億年前。まさにこの化石の産出年代に一致する。つまり、この化石は地球上に出現し

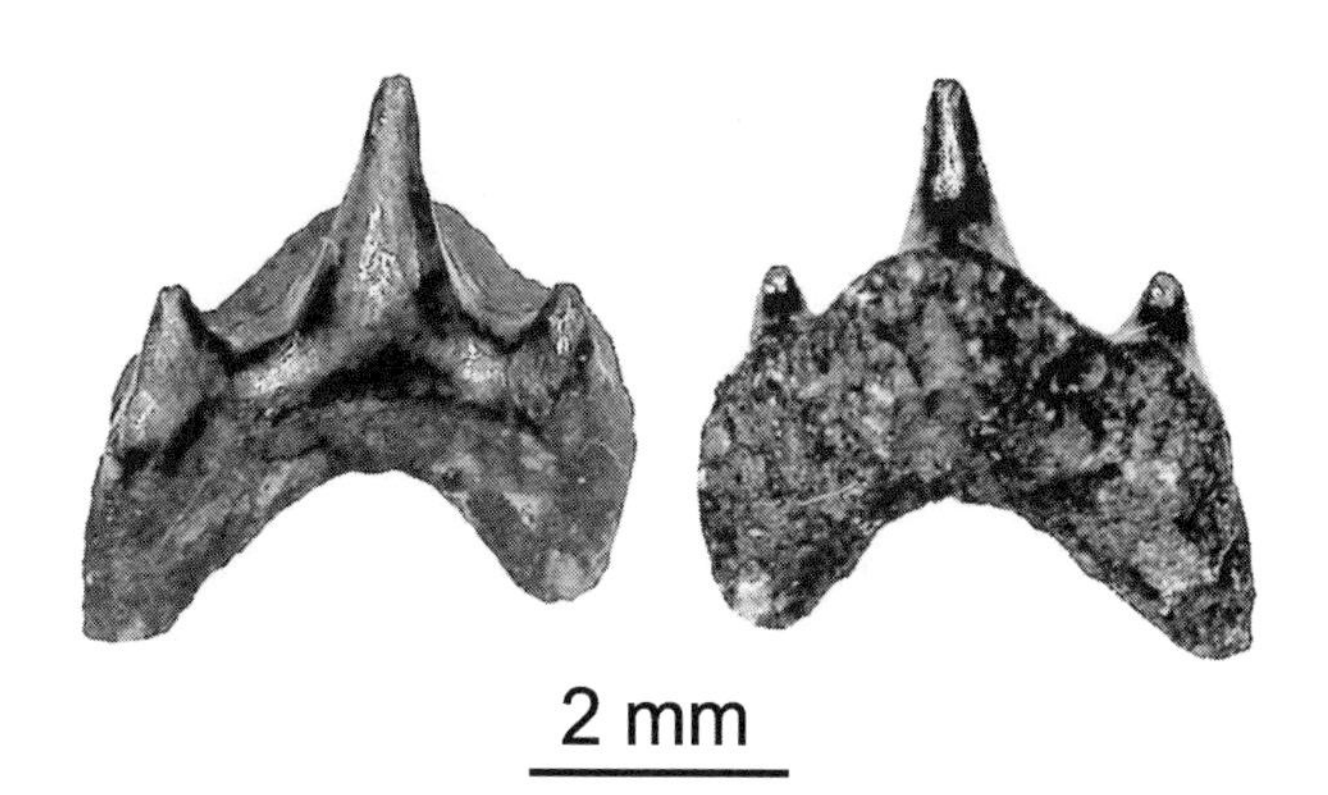

図3－7　デンマークから発見された最古のメガマウスザメ（メガカズマ・アリソナエ）の化石（Shimada and Ward, 2016）

たばかりのメガマウスザメのものかもしれないのだ。

だが、この化石は思わぬ運命をたどることになる。島田博士らによるその後の研究によって、この歯がメガマウスザメの仲間のものではない可能性が高まってきたのだ。この動物は、2015年にシュードメガカズマという名前で再記載された。「偽のメガマウスザメ」という意味だ。しかし、がっかりすることなかれ。恐竜時代にメガマウスザメそっくりの歯を持つサメがいた——これは、かつての地球に、私たちのまだ知らない「第4の」プランクトン食のサメがいたかもしれないことを意味するものだ。

残念ながら、ジンベエザメの足取りはよくつかめていない。これらのグループの歯がとりわけ小さいことが災いしてか、化石証拠がきわめて貧弱なのだ。恐竜時代の白亜紀後期の地層から現生のジンベエザメのものと良く似た歯の化石が複数発見されており、先に紹介したアンリ・カペッタ博士によって1980年にパラリンコドンと名づけられた。しかし、この歯が果たして本当に古代のジンベエザメのものかどうかはいまだ定かではない。

プランクトン食のサメは特別なのか

2021年、科学雑誌『サイエンス』の表紙を奇妙なサメの復元図が飾った。寸詰まりの顔、異常に細い体、そして翼のように細く伸びた胸ビレ。口の中に歯は見えない。鳥を連想させるその姿から、いつしか〝イーグル・シャーク〟というあだ名で呼ばれるようになった。アクイロラムナと名づけられたこのサメは、メキシコの9300万年前の地層から発見された、美しく保存された全身骨格に基づいている。サメであることは確かだが、他のサメとの詳しい類縁関係については いまだ調査が続いている。

この化石を調べた研究者らは、この動物がマンタのような生態を持っていたと考えている。長い翼のような胸ビレを羽ばたかせて泳ぎ、大きな口でプランクトンを飲み込んでいたというのだ。このフォルムで素早く泳ぐ獲物を捕らえるのは難しそうだから、プランクトン食だったというのはうなずける。もっとも、個人的には彼らがいうように胸ビレを羽ばたかせていたかどうかは疑問である。マンタの仲間は、左右の肩の骨格が脊椎と一体化して強固な構造を作っている。胸ビレを動かす巨大な筋肉を支えるための構造である。対するアクイロラムナの肩はとても貧弱そうだ。

図3－8　アクイロラムナの生体復元図

化石の研究、とりわけシュードメガカズマとアクイロラムナの発見は、私たちに重要なことを教えてくれる。現在の海に生きているプランクトン食のサメは、決して特別な存在ではない。サメの進化史の中で、誕生と消滅を繰り返してきた一つの典型的な生き様なのだ。

エイの進化

エイの起源

さて、いくつか有名なサメの進化をかいつまんで見てきたところで、エイの進化の話をしよう。あらためて考えてみれば、エイの姿は魚の中でも相当に異端である。巨大化した胸ビレは頭部と一体化して、体全体が円盤のような形になってしまっている。胸ビレをはためかせて泳ぐようになることで、尾は推進装置としての役割を失い、鞭（むち）のような形に変化している。そんなエイであるが、もとはといえばサメのような姿をしていたはずだ。このような祖先から、現在のエイに至る進化の歴史はどの程度解明されているのだろうか。これからお話しするのは、そんなエイの誕生を探究した研究者たちの物語である。

メアリー・アニングのエイ

メアリー・アニング——古生物好きの皆さんの中には、この名前に馴染みのある方もいるかもしれない。１８００年代初頭、黎明期の古生物学に絶大な貢献をした人物である。彼女はイギリス南西部の町ライムリージスに住み、家具職人の父親が副業で行っていた化石商の仕事を幼少のころから手伝っていた。当時の彼女には知る由もなかったが、ライムリージスは恐竜時代のジュラ紀の地層の上にできた町だったのだ。彼女は若くして化石ハンターとしての才能を開花させており、後にイクチオサウルスと名づけられる奇妙な海棲爬虫類の全身骨格の化石を世界で初めて発見したのは、彼女がわずか12歳の時であった。当時の名だたる学者たちが、彼女の発見した化石を研究し、太古の地球にいまだ見ぬ生物が暮らしていたことを明らかにした。ディノサウリア（恐竜）という言葉を作ったウィリアム・バックランドなどもその一人だ。ダーウィンの『種の起源』が出版される40年以上も前のことである。

１８２９年、彼女は一つの奇妙な化石を発見した。30センチメートルほどの小さい石板の表面に、１匹の魚がほぼ完全な状態で保存されていた。この魚の姿は異形という言葉が良く似合う。ヒレがついた細い体は一般的な魚のイメージの範囲内だが、頭の形がまともではない。頭部の先端は前と横に大きく張り出しており、トランプのスペードのような形をしている。

この化石は、私たちが求めていたエイとサメの共通祖先のイメージを具現化したような動物である。平たく広がった頭部に、細い体、まるでエイの頭にサメの胴体をつけたかのようだ。進化という概念がまだ確立していなかった当時とはいえ、この化石を最初に研究したヘンリー・ライリー博士は、サメとエイ両者との関係に触れずにはいられなかった。彼は１８３３年の論文の中で「この動物はサメとエイの両方の特徴を併せ持つ動物である」とはっきり述べている。この論文で、彼はこの動物にスクアロラジャという名前をつけた。「スクアロ」はサメ、「ラジャ」はエイという意味だ。

スクアロラジャの正体とエイの起源

ライリー博士の論文が出版されたあとも、スクアロラジャの正体については議論が続いた。ある者はサメに似たエイだと言い、ある者はエイに似たサメだと言った。化石が発見されて60年以上が経った1890年、ようやくこの議論は決着の時を迎えることになる。その

図３－９　スクアロラジャの化石のスケッチ（Weber, 1834-1836）と生体復元図

答えは意外なものだった。この動物はエイでもサメでもなかったのだ。

現在生きている軟骨魚類には、サメとエイがふくまれる板鰓類のほか、ギンザメ類というグループがいる。スクアロラジャは、非常に特殊化したギンザメの一種だったのだ。ギンザメ類は現在わずか40種しか知られていないマイナーなグループだが、化石種をふくめると大変多様である。現在の我々から見ると、このスクアロラジャがギンザメの仲間だというのは十分納得できる。たとえば、オスのスクアロラジャの頭部にはフックのような突起が付いているのだが、これは現生のギンザメにも見られる特徴である。

スクアロラジャの正体がわかったのは喜ばしいことだ。しかし原始的なエイを発見できたかもしれないという研究者の期待はもろくも崩れ去ってしまった。スクアロラジャが発見されてから約200年が経とうとしているいま、エイの初期進化はどの程度解明されているのだろうか。

現時点で私が把握している最古のエイの化石は、2019年に恐竜時代の中頃にあたるジュラ紀初期の地層から発見されたアンティカオバティスである。名前の意味は「古代のエイ」である。この化石は残念ながら、0・2ミリメートルほどの極小の歯が一本見つかっているだけで、このエイがどのような姿をしているのかは、現在も謎のままだ。

時代が下ってジュラ紀後期になると、ヨーロッパ各地の地層から全身の形がわかる美しいエイの化石が発見されるようになる。これらの化石を研究した、ウィーン大学のユリア・テュルチャー博士による2024年の論文によれば、彼女らが調査した52個体には少なくとも5種類がふくまれているという。その時代には、エイの仲間がすでに大きな多様性を持っていたことがうかがえる。

これらの姿は、すでに現生のエイと大差ない。特に、現生のサカタザメ（という名のエイ）のグループに近い体の特徴を持っていたようだ。たとえば、現生のエイの多くが鞭のように細い尾を持っているのに対して、ジュラ紀のエイは水を搔くことができる比較的幅広い尾ビレを持っていた。おそらく、胸ビレだけでなく、尾ビレの動きも遊泳時の推進力として使っていたのだろう。このような遊泳方法は現生のサカタザメの仲間でも見ることができる。

もっとも、サメのような姿をしていたエイの祖先と、すでに現生のエイのデザインの範疇にあるジュラ紀のエイの姿の間には、いまだ大きな隔たりがある。私たちが本当に求めているのは、鳥の起源を明らかにした始祖鳥のように、エイの初期進化を雄弁に

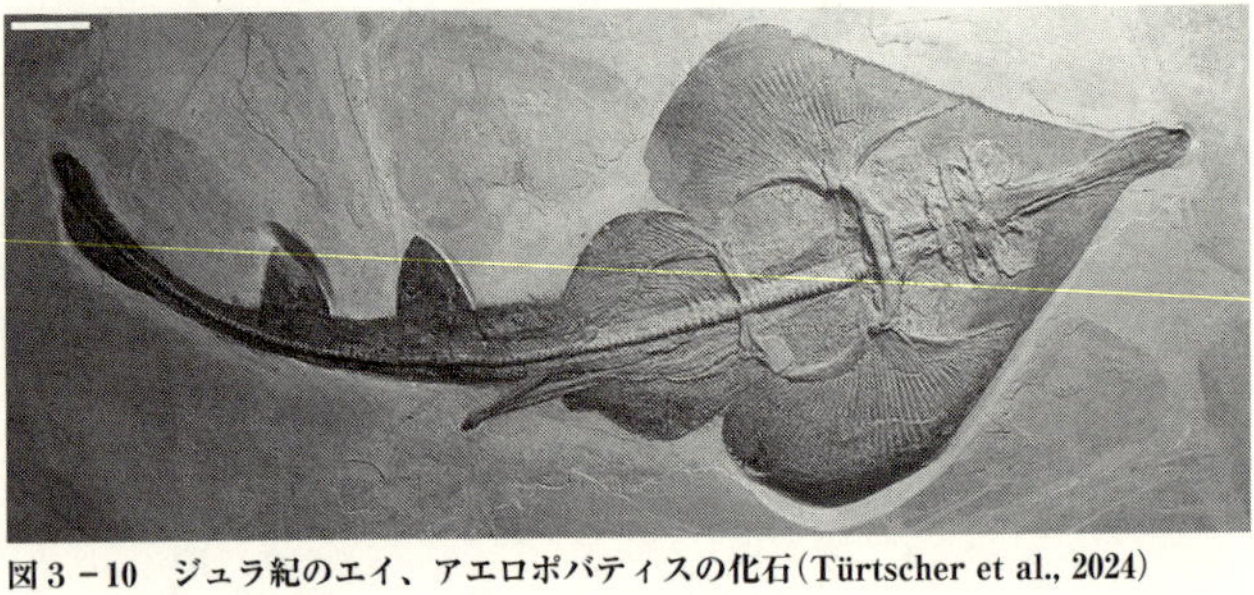

図３－10　ジュラ紀のエイ、アエロポバティスの化石（Türtscher et al., 2024）

語ってくれる化石だ。それは、世界のどこかで、人知れずいまもひっそりと眠っている。

3-3 新生板鰓類の幕開け

新生板鰓類の誕生

じつは、本章でここまで登場したサメやエイは、すべて「新生板鰓類(しんせいばんさいるい)」というグループに属している。専門的にはネオセラキ（Neoselachii）と呼ぶ。ネオは新しい、セラキはサメという意味だ。本章で紹介した現生のすべてのサメとエイはこのグループにふくまれており、4億年の軟骨魚類の進化全体を考えれば、2億年ほどの歴史しか持たない新参者だ。

この新生板鰓類がどのような祖先から進化してきたのかということは、近年急速に明らかになってきている。その動物の特徴はといえば――全長1メートル程度、丸い鼻先に鋭い歯、細い体に長い尾ビレ。なかなかに地味といわざるを得ない。

その魚の名はパラオルタコダスといい、ドイツのジュラ紀の地層から全身の美しい化石が発見されている。この魚を詳細に調べたユーリン・クリウェット博士らによれば、パラオルタコダスが属するシネコダス類こそ、最も新生板鰓類の起源に近い動物だという。シネコダス類は、恐竜時代初期の三畳紀に出現し、恐竜時代を通して世界的に繁栄した。彼らは日本にも生息していたことが知られており、たとえばスフェノダスという種類の歯が北海道から報告されている。シネコダス類の一部は、恐竜を死に追いやった6500万年前の大量絶滅を乗り越えたことが知られているが、5000万年前を境に化石記録が途絶えてしまう。上記のスフェノダスに関していえば、冷たい海に適応していた種類らしく、地球の温暖化がその絶滅要因だとの説もある。

シネコダス類は姿を消してしまったが、彼らの身体的な特徴は現在のサメにしっかりと受け継がれている。一つは石灰化した背骨である。彼らの化石を見ると、しっかりとした背骨が保存されている。じつは、シネコダス類より古い軟骨魚類の仲間は、背骨が石灰化しておらず、化石として保存されない。

もう一つ、シネコダス類から現在のサメが引き継いでいるといわれている、私のお気に入りの特徴を紹介しよう。この特徴とは、電子顕微鏡でしか見ることができない超ミクロの構造だ。私たちの歯の表面は、非常に硬いエナメル質で覆われている。同様の硬質層はサメの歯でも見られる。少しややこしいのは、サメの歯の表面の硬質層が、私たちの歯のエナメル質と同じものかどうかは議論があり、エナメロイド（エナメル様組織）と呼ばれること

図3－11　パラオルタコダスの生体復元図

がある。いずれにせよ、現生のサメの歯の硬質層の断面を顕微鏡で観察すると、内部に複数の薄い層が見えてくる。この薄い層は合計3層あるはずだ。じつは、この3という数字こそ、現生のサメがシネコダス類から引き継いだ特徴である。ちなみに、もっと原始的なサメでは2層しかない。

デザインの神は細部に宿るといわれるが、こんなミクロの構造の中に、遠い祖先から引き継いだ特徴が刻み込まれているのである。

新生板鰓類になり損なったサメ——ヒボダス類

約2億年前に、新生板鰓類と分かれたサメたちがいる。彼らはヒボダス類といい、恐竜時代中頃のジュラ紀に大繁栄した。世界中の地層から彼らの歯が発見されているだけでなく、ドイツのホルツマーデンでは、黒い地層の中から全身の化石が多数発見されている。かなり大型の種類もふくまれており、私が学生時代に訪れたドイツ南部のシュツットガルト自然史博物館では、巨大な石板いっぱいに、全長2メートルほどのヒボダス・ハウヒアヌスの化石が押し花のように貼りついていた。当時の海は、サメそっくりの姿に進化した爬虫類——イクチオサウルスが泳ぎ回っていた。その中にあって、ヒボダス類も生態系のかなり上位を占める捕食者であったことをうかがわせる。同博物館で展示されているSMNS10062という番号の付いた有名なヒボダスの化石では、胃袋があった場所から、大量のベレムナイトというイカの仲間が見つかっている。その数、少なくとも93匹。さぞかし、たらふく食べて幸せだったことだろう。

私をふくめ、サメの進化の研究者は、このヒボダス類に特別な思いを抱いてきた。ヒボダス類を調べることは、「新生板鰓類になる直前」のサメの姿を知る鍵が得られるかもしれないからだ。実際、新生板鰓類とヒボダス類の身体的特徴には多くの共通点があることが知られている。

その中で最も知られているものの一つが、胸ビレの骨格である。サメやエイの胸ビレの基部は、基底軟骨という骨格によって胴体と接続している。この基底軟骨は複数のパーツによって構成されているのだが、この数が進化とともに、10以上から徐々に減少してきたことが知られている。新生板鰓類のパーツ数は3であり、これはヒボダス類も同じだ。

図3－12　ヒボダスの生体復元図

ヒボダス類の繁殖様式

ヒボダス類は古代ザメの中では珍しく、その繁殖方法が明らかになっているサメである。サメの繁殖様式は非常に多様であり、卵を産む種類（卵生）もいれば、私たちのように赤ちゃんを産む種類（胎生）もいる。この繁殖方法の進化にまつわる面白い議論は、第4章を見てほしい。残念ながら、卵巣や子宮など繁殖に関わる臓器はほとんどが軟組織であり、化石証拠が大変残りにくい。そのため、古代ザメの繁殖生態は多くが未解明なのだが、その数少ない例外がこのヒボダス類である。

その研究の歴史は約１００年前に遡る。フランスの2億５０００万年前の地層から、奇妙な化石が発見された。岩の表面に貼りつく葉っぱのようなもので、当初は植物の化石であると考えられた。ところが、英国地質調査所の植物学者ロバート・クルコール博士による１９３２年の論文により、この化石は植物ではなく動物由来であることが初めて指摘された。その後、この化石が何者に由来するのか数十年にわたって議論が続くことに

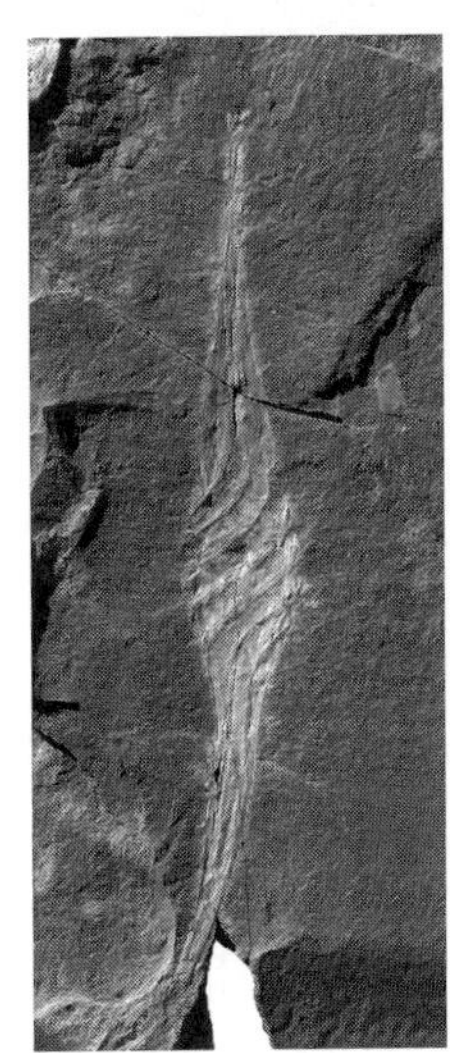

図３－13　ヒボダス類の卵殻化石と復元図
(Böttcher, 2010)

なるのだが、形状が軟骨魚類の卵殻に似ていること、同じ場所からヒボダス類の歯が発見されることから、現在ではヒボダス類の卵ということで一応の決着をみている。もしそうなら、ヒボダス類は卵から生まれていた、つまり卵生であったことを意味する。現生のサメやエイの祖先が卵生だったのか、胎生だったのかということは繁殖研究の大問題で、現生種の研究者を中心に現在でも議論が続いている。その詳細は第4章のお楽しみとしたいが、ヒボダス類が卵生であることは、現生種の「卵生起源説」を支持する証拠のように私には思える。

一般的にサメの卵殻は二枚の殻が合わさった二枚貝のような構造をしており、そのカプセルの中でサメの赤ちゃんは数ヵ月を過ごす。多くの種類では、卵殻の両端に植物のツルのような構造がついており、このツルを枝サンゴや海藻などに絡めることで卵が水流で流されないようにしている。化石の卵殻からも同様のツルが発見されているのだが、面白いことに複数の卵殻が一つの場所に生みつけられた結果、ツル同士が絡み合い、卵殻がバナナのように一つの房を作っている化石も発見されている。このような状況は、現生の卵生のサメでも見られる。もう一つ興味深いのは、化石の卵殻の表面にはねじ山のような螺旋状の装飾があることで、同様の装飾は現生のネコザメの卵殻にも見られる。卵殻化石の螺旋の巻く回数にはかなりのバリエーションがあり、種類による違いを反映していると考えられている。

ヒボダス類の祖先を見るためにスコットランドに行く

ヒボダス類の進化を研究するうえで、イギリス北部のスコットランドはまさに最適な場所である。現在最も原始的とされるヒボダス類の骨格が唯一発見されている場所だからである。

大学院博士課程2年生だった私は、ヒボダス類を主要な研究テーマの一つに選んでいた。その頃、ヒボダス類の系統樹を見ると、その最も根本に陣取っていたのがトリスティキウスという石炭紀のヒボダス類であった。このサメをなんとしても研究したい——その一心で、北米に留学中だった私は、スコットランド自然史博物館に連絡をとり、単身スコットランドに飛んだ。プロローグで紹介した両親とのスコットランド旅行から、はや8年が経過していた。

その当時、私の手元にあったのは1978年に執筆された古いトリスティキウスの文献のコピーだけであった。その文献のコピーには、コピーを重ね黒くつぶれてしまった写真数枚と、数々の骨格のスケッチがあった。その背ビレに生えていた棘の特徴からヒボダス類であることが分かるものの、その頭部の骨格復元図はなんとも奇妙な形をしていた。たとえるならば、妖怪「ぬらりひょん」だ。頭の後ろが長く伸び、4番目の鰓くらいにまで達している。自らの目で確かめるまでは、こんな復元図を信じるわけにはいかない。

スコットランドの首都、エディンバラに着いた私は、タクシーを拾って指定された場所に向かった。当時、スコットランド自然史博物館は引っ越しの最中で、標本はいくつかの場所に分散されて保管されていた。タクシーを降りた私の目の前には、貴重な化石が保管されているとは到底思えない白い倉庫が建っていた。ここが本当に約束の場所なのだろうか？　だが、職員の方の案内で建物の中に入ると、そこには見慣れた博物館の収蔵庫の景色が広がり、嗅ぎ慣れた匂いが漂っていた。私の背丈より高い金属製の棚が並び、その一つの引き出しの中には、あの有名なトリスティキウスの化石があった。

結論からいうと、念願のトリスティキウスの化石は私を落胆させるものだった。化石を含む30センチメートルほどの重たい岩の塊は、まだ採集してラベルをつけただけの代物で、岩の表面に軟骨の一部が見えるだけで、化石の大半は石に埋もれたままだった。ノートとカメラしか持たない私には、それ以上どうすることもできず、数時間の調査ののち、ほとんど得るものなくホテルに帰った。唯一得られた（しかし重要な）知見は、1978年の論文の骨格復元図は岩の表面から観察できるわずかな情報を手がかりに描かれたもので、世界中の研究者がこのあやふやな情報

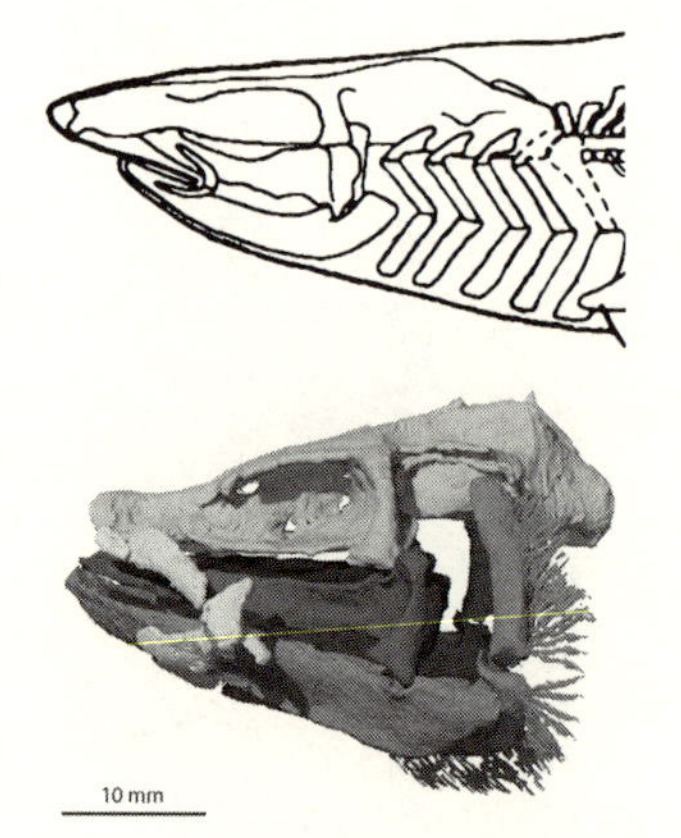

図3－14　トリスティキウスの頭部の骨格復元図
上は旧復元図（Dick, 1978）、下はCTデータに基づく新復元図（Coates et al., 2019）

をもとに研究を進めているという実態であった。

じつは、2019年になって、この標本に最新技術のメスが入り、トリスティキウスのより鮮明な姿が明らかになった。その技術とはX線マイクロCTスキャンであり、岩の中に埋没している状態の化石をX線で立体的に透視する技術である。修正された復元図を見ると、トリスティキウスは丸っこい頭部をもつ、おそらく底生性のサメであったことがわかる。ヒボダス類としては一般的な体形といってよい。ちなみに「ぬらりひょん」のようだった奇妙な頭部は一般的なサメの姿へと修正された。特筆すべきは、口の先端にとても大きな唇軟骨を持っていたことで、これは餌を吸引して食べるサメで大きく発達することが知られている。トリスティキウスも、海底付近で待ち伏せしながら、餌を強力な吸引能力で捕食するサメだったのだろう。このような大きな唇軟骨は、のちの時代のヒボダス類にも引き継がれている。

恐竜時代の夜明け前

ヒボダス類は恐竜時代と呼ばれる中生代を中心に大繁栄したサメのグループであるが、その直前の地球に生きていたサメのグループを一つ紹介しよう。そのグループとはクセナカンタス類といい、主に古生代の後半、石炭紀とペルム紀に繁栄したサメたちである。このサメは珍しく淡水性であったと考えられており、後頭部から生えた長い棘や背中から尾の付け根まで続く背ビレなど、体形もどこかサメというよりライギョなどの淡水性硬骨魚を彷彿とさせる。

　その奇妙な体形の特徴をのぞけば、彼らは非常に原始的なサメの特徴を残しているグループであるといえるだろう。たとえば、彼らの顎の骨格は頭蓋骨と後眼窩関節（第1章を参照）でしっかりと関節しており、ヒボダス類や多くの新生板鰓類で見られる「射出できる顎」を持っていなかった。

　彼らの生活の一部を垣間見させてくれる面白い化石が、2008年、ユーリン・クリウェット博士らによって報告されている。この化石は、ドイツのペルム紀の淡水湖の地層から発見されたトリオダスというクセナカンタス類のものである。この化石は岩石の中に上半身が関節した状態で保存されていたのだが、その胃の部分から最後の食事と思われる二種類の両生類の化石が見つかった。さらに、その餌になった両生類のうちの片方の体内から淡水魚類の化石が発見された。つまり、この一つの化石の中に、3段階の食物連鎖がタイムカプセルのように封じ込められていたのだ。この時代の湖の生態系が想像できて、とても楽しい化石だ。

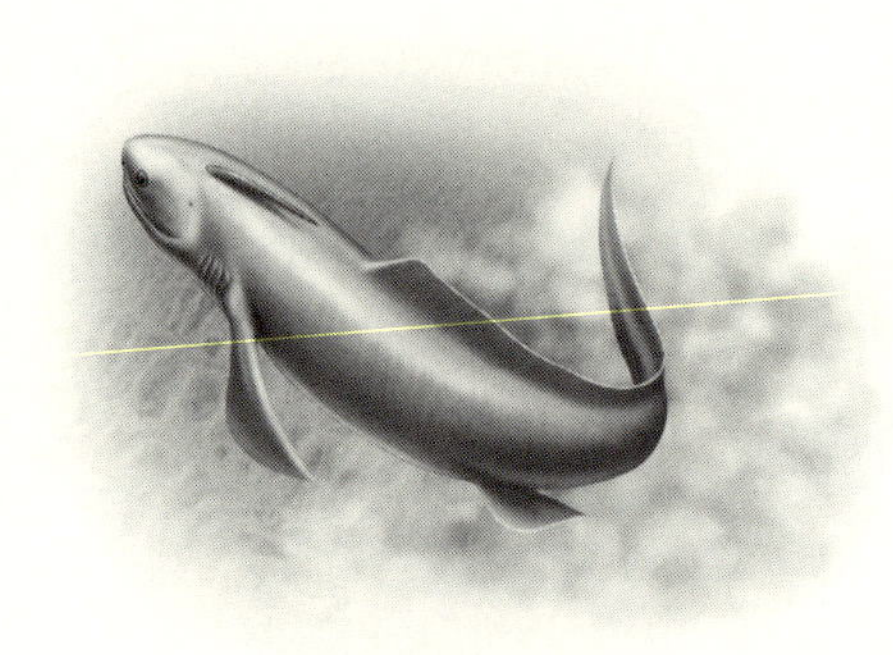
図3－15　トリオダスの生体復元図

3-4
サメの究極の祖先とは

サメの究極の祖先を求めて

さて、あなたのサメの祖先を探る長旅は、いよいよ終着地にたどりつこうとしている。これまでホホジロザメやプランクトン食者など、現生種につながるサメのグループ「新生板鰓類」の進化について話し、続いて、より原始的な「ヒボダス類」「クセナカンタス類」の話をした。ここからは、時代をさらに遡り、サメの究極の祖先の話をしよう。

「サメは生きている化石」説

サメの化石の研究には、その他の大多数の脊椎動物の研究に比べて圧倒的に不利な点がある。それは、骨格が軟骨でできていることだ。軟骨を構成している材料の多くは水と有機物であり、それらはサメが死んだ後に簡単に分解してしまう。そのため、化石として保存されるのは、炭酸カルシウムやリン酸カルシウムなどの無機物が豊富にふくまれた歯や脊椎など、体のごく一部に限られる。

このような不利な条件の中、サメの進化の解明において中心的な役割を果たしてきたのが、世界に点在するラーゲルシュテッテンである。ラーゲルシュテッテンとは、本来ドイツ語で「鉱脈」を意味する言葉だが、古生物学においては特別な意味をもつ。それは、保存状態の非常によい化石が大量に発見される土地のことを指すからだ。古生物学者にとって、ラーゲルシュテッテンを発見するのは、一攫千金を狙う開拓者が荒野で金の鉱脈を発見するのと同じくらい、あるいはそれよりずっと高い価値をもつのである。

　いまから100年ほど前に、米国オハイオ州の都市・クリーブランドから、サメの起源を解明するうえできわめて重要な意味をもつラーゲルシュテッテンが発見された。この地層の岩石は、本のページ（頁）をめくるように薄く剥がれることから、クリーブランド頁岩（けつがん）と呼ばれている。この地層から、いまから4億年前、デボン紀の海に生息していた魚の化石が大量に発見された。デボン紀とは古生代と呼ばれる地質時代の一区分で、恐竜が地上を闊歩するよりずっと前、脚の生えた魚がようやく地上に進出しようとしていた時代である。デボン紀の生物として、全長5メートルを超える肉食魚・ダンクルオステ

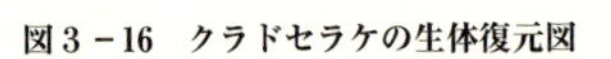

図3－16　クラドセラケの生体復元図

ウスの名前を知っている方もいるかもしれないが、この魚もクリーブランド頁岩で発見されたものだ。クリーブランド頁岩の特徴の一つは、その化石の保存状態の美しさであり、歯などの硬組織はもとより、内臓や筋肉といった軟組織、はては胃や腸の内容物までもが化石として保存されている。

このクリーブランド頁岩から、サメの進化を解明するうえで重要な化石が発見された。それは、クラドセラケという全長2メートルほどの魚の化石である。顎には何列もの歯が並び、流線形の胴体の両側には飛行機の翼のような胸ビレが張り出している。さらに顕微鏡で観察すると、体表に歯のミニチュアのような形をした鱗が散らばっている。これらの特徴は現生のサメのものと完全に一致し、クラドセラケは古代ザメの姿を表す典型例としての確固たる地位を獲得した。この発見は、サメの進化に関する一般的なイメージを確立する上でも決定的な役割を果たした。すなわち、サメは少なくとも4億年前に現生のサメと似た姿を獲得しており、それ以降ほとんど形を変えることなく現在まで生き残っているというものだ。これが、サメが「生きている化石」と称されるゆえんである。

クラドセラケの奇妙な仲間たち

じつはこのクラドセラケには、奇妙な姿の仲間がいる。そのサメはファルカトゥスといい、クラドセラケより少し後の石炭紀に生息していた。このサメの奇妙なところは、背中から頭の前に向かって、大きく前にカーブする突起を持っていたことだ。まるで侍の「ちょんまげ」のようだ。この突起の先端近くは、まるでヤスリのような先の尖った小さい鱗で覆われている。この突起は、背ビレを支える軟骨が変形したものだ。

この突起の役割についてはよくわかっていないが、興味深い事実が判明している。それは、同じ場所から2つのタイプの化石が見つかっており、一方は背中の突起を持ち、もう一方は持たないことだ。さらに、背中に突起を持つ方の化石だけにペニス（クラスパー）が見つかっている。どうやら、この2つのタイプの化石は同種のオスとメスである可能性が高そうなのだ。じつは、この2つのタイプの違いは背中の突起の有無だけではなく、ペニスを持つ個体は吻先が尖っており、胸ビレの付け根からヒモのような長い突起物が伸びている。背中の突起に異性への視覚的なアピール以上の機能があったのかどうかは定かでないが、少し似た構造物は現生のギンザメにも見られる。

図３－17　ファルカトゥスの生体復元図

それは、オスのギンザメが頭部に持つフックのような突起で、セファリック・クラスパーと呼ばれる。彼らは交尾の時にその突起をメスの胸ビレに引っかけて体を固定するという。ちなみに、ファルカトゥスの近縁種には、もっと派手な突起を持つ種類もいる。この種類はアクモニスティオンといい、長い棘で縁取られたアイロン台のような巨大な構造が背中の上に乗っかっている。ファルカトゥス同様、この突起もオスのみの特徴である可能性は高そうだが、現時点では対応するメスの化石が発見されていない。

デボン紀以前のサメにまつわる謎

クリーブランド頁岩での研究により、デボン紀のサメの姿が明らかとなった。では、デボン紀以前のサメはどのような動物だったのだろうか。研究者は、デボン紀よりひとつ前の時代であるシルル紀の地層にその答えを探し求めた。ところが、彼らを悩ませたのは、シルル紀の地層からサメの化石がまったくといってよいほど発見されないことだ。サメの鱗の化石を発見したという報告もなされたが、その鱗が本当にサメのものなのかどうか研究者の間でも意見が分かれている。もっとも、この鱗がサメのものだったとして、数枚の鱗からその持ち主の姿を想像するというのはあまりに無謀な試みである。

サメの化石が発見されない一方で、豊富に発見されている魚の化石があった。それが棘魚類（きょくぎょるい）

と呼ばれる魚の化石である。棘魚類は多くの種類が知られており、体型も細長いものから太短いものまでさまざまだが、体に多数の棘を持つという点では共通している。ヒレの前縁に長い棘を持つほか、多くの種類で胴体の胸から腹にかけて多数の短い棘を持っている。このような棘魚類の形態的特徴は、硬骨魚類を彷彿とさせるもので、それゆえ棘魚類は硬骨魚類の祖先に近いグループであると信じられてきた。硬骨魚類の祖先が豊富に見つかっている一方で、サメの祖先はいったいどこに姿を隠しているのか？　この不自然な状況は長らく解消されないまま、半世紀が経過した。

ドリオダスの発見と棘魚類の正体

この状況は、その後、誰もが予想しなかった展開を見せることになる。２００３年、世界に衝撃をあたえる一本の論文が雑誌『ネイチャー』から発表された。この論文で報告されたのは、ドリオダスという名前のサメの全身化石だ。この化石が発見されたのは、カナダ東部のデボン紀初期の地層で、クラドセラケより２０００万年ほど古い時代のものだ。人々が驚いたのは、そのサメらしからぬ姿である。頭部は確かにサメのものだが、その胸ビレには現在のサメには見られない長い棘が生えていたのだ。胸ビレの前縁に長い棘が1本、そして根本付近に2本の短い棘が生えていたようだ。その後のX線を用いた調査により、胴体の下部にも小さい棘が5本程度並んでいたことが明らかとなった。ヒレや胴体に並ぶ多数の棘——これはまさに、棘魚類の特徴そのものであった。

この論文を読んで、サメ化石の研究者は皆、ハッとしたはずだ。自分たちは大きな勘違いをしていたのかもしれない。棘魚類は硬骨魚類の祖先だというのは間違いで、その正体は原始的なサメなのではないか？　その可能性に気づけなかったのも無理はない。原始的なサメが全身棘だらけだったと誰が想像できただろうか。その後の研究により、棘魚類の頭部からサメと共通する特徴が見つかるなど、棘魚類はサメの祖先であるとする説は急速に支持を集め、現在では定説になりつつある。

「サメは生きている化石」説は本当か？

ドリオダスが引き起こした混乱と棘魚類を巻き込んだその後の展開は、サメは太古の昔からずっと姿を変えずに生き残ってきた動物だとする一般的なイメージを覆すものだ。これに呼応するかのように、

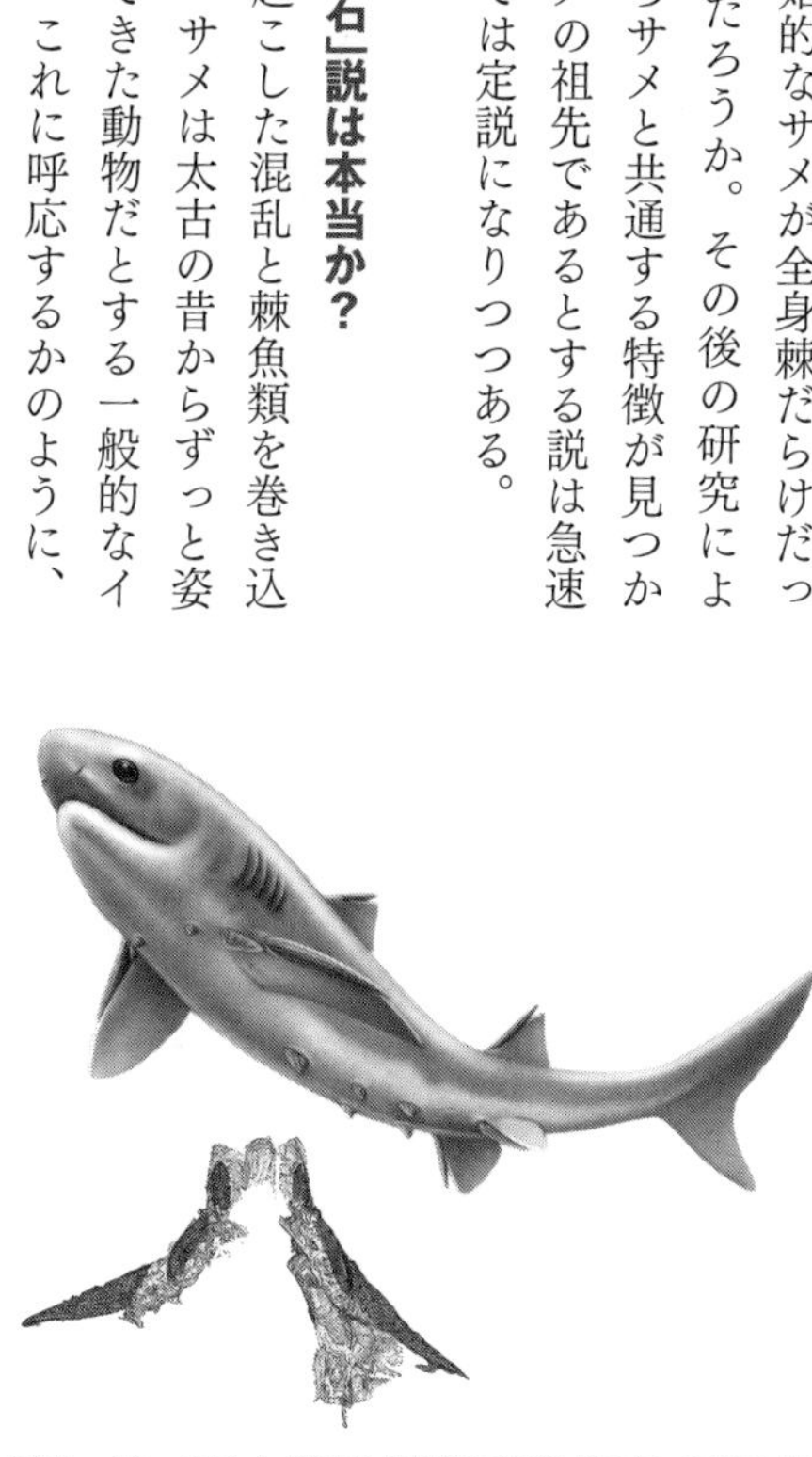

図３－18　ドリオダスの生体復元図と胸ビレの棘の化石
(Maisey et al., 2017)

「サメは生きている化石」説の立役者となったクラドセラケが、当初考えられていたほど現生のサメに似ていなかったことを示す報告も近年相次いでいる。

たとえば、私自身の研究では、クラドセラケの胸ビレの骨格が現生のサメのものと構造が大きく異なることが明らかになった。さらに、クラドセラケの近縁種の鰓の骨格を調べた研究では、その構造が現生のサメより硬骨魚類のそれに近いことが明らかになった。

どうやら、クラドセラケはサメそっくりの外見に反して、中身は別物であった可能性があるのだ。近年では、ドリオダスやクラドセラケは原始的な軟骨魚類の一グループであって、現生のサメとはほとんど無関係であると考える研究者も多い。彼らは、ドリオダスやクラドセラケのような魚たちをサメと呼ぶべきではなく、「サメ様軟骨魚類」と呼ぶべきだと主張している。古生代のサメは何者なのか。サメの起源を探る旅は、サメとは何か、あらためて問い直す重要な局面に入りつつあるといえるだろう。

第4章 サメの繁殖方法と進化の謎

執筆 佐藤圭一

「サメって卵胎生だよね？」私は日ごろ沖縄美ら海水族館で働いているため、聞く気はなくても来館者の会話が聞こえてしまうことも多い。「サメって哺乳類だから子供を産むんじゃなかったっけ？」とか、「サメの卵はキャビアだよ」など、大間違いな説明を、知ったかぶりをして話すお父さんたちにも頻繁に遭遇する。もちろん、すべてが間違いというわけではないが、とても正解とはいいがたい。

ところで、560種にのぼるサメの繁殖様式を、それぞれ正確に説明できる人など、私を含めてこの世界に一人も存在しない（存在するはずがない）だろう。つまり、サメの繁殖は未知の研究領域として取り残されている。過去に出版されたサメに関する書籍をみると、当たり前のように「卵胎生」と書かれているものも多数あるが、私自身はサメの繁殖を語るうえで「卵胎生」という用語ほど不適切なものはないと思っている。なぜなら、「卵（卵膜または卵殻）に包まれた受精卵から胚が発生し、孵化（ふか）後も母ザメの胎内で母体による栄養や酸素の供給に依存せず、外界に生まれ出るもの＝卵胎生」と定義するならば、ほぼすべての胎生種のサメは、卵胎生の定義から外れるといってよい。なぜかというと、近年の研究により、胎生のサメの多くは多少なりとも母体に何らかの栄養や酸素を依存するうえ、1年から3年におよぶ長い妊娠期間を経て出産する場合が多いからである。つまり、サメの繁殖を研究すればするほど、「サメ≠卵胎生」という結論になる。

本章では、非常に複雑怪奇で謎が多いサメの繁殖様式と、その進化に関する研究や議論に対して、面倒でよくわからないからといって蓋をすることなく、可能なかぎり、サメの繁殖様式を詳細に記載するとともに、それぞれの繁殖様式がどのような進化の過程を経て獲得されたのか、率直に議論したい。

4-1 サメの卵・生殖器官・交尾

サメの卵ってどんなもの?

もし私が、一般の人に「サメってどうやって生まれるんですか?」と聞かれたとしよう。その場合、私はおそらく、誤解を受けることを承知しながらも「大きく分けて卵を産む卵生種と、仔ザメを胎内で育て、産む胎生種が存在しますが、特に胎生種はさまざまな方法で胎仔に栄養をあたえています」と答えると思う。ここでいう誤解とは、卵という言葉のもつ意味についての誤解だ。

俗にいわれている卵という言葉は、じつに多様な意味合いをもっているので、サメの繁殖を正確に理解するためには、上述の私の説明は混乱のもとになってしまうのである。

卵（たまご・らん）は、多様な意味をもつ言葉だ。「たまご」と読めば、たぶんニワトリのたまごや、未熟なモノや人のことを指す場合もあるだろう。魚が海中に産み、放出するものも「魚のたまご」と呼ばれる。一方で、「らん」と読む場合は、若干意味合いが狭まり、卵巣から排出される核相nの配偶子として、または受精後の受精卵を意味するなど、より生物学的な様相を帯びてくる。

サメの卵の場合を考えるとどうだろう？「サメのたまご」というと、人によりけりではあるが、硬い殻（卵殻）に包まれた受精卵全体を指している場合もあるし、硬い卵殻そのものを指す場合もあるだろう。しかし、「サメのらん」と呼ぶ場合は、私の知るかぎり、卵胞あるいは排卵された直後の卵殻に包まれる前の状態を指していることが多い。

このように、サメの卵といってしまうと、何を指しているのかが不明瞭になってしまうため、あらかじめ明示しておく必要があると思っている。本書では、サメの卵にまつわる記述として、①卵巣卵（排卵前の卵）、②受精卵、③卵殻卵（受精卵が卵殻に包まれた状態）、④栄養卵（胎仔が子宮内で栄養として摂食する卵)、⑤卵黄嚢（発生が進んだ胚に栄養を供給する袋）などの言葉を使って、〝卵〟の意味を明確に使い分けていきたい。

サメの雌雄と生殖器官

サメはいわずと知れた体内受精を行う動物である。つまり、オスとメスが交尾を行い、次世代へ命をつないでいく「有性生殖」である。オスとメスの存在は、私たちから見れば当たり前の存在かもしれないが、じつは動物全体でみると簡単な話にはならない。すべての動物をあつかうと話が長くなるので、ここでは魚類に限ってお話ししたいと思う。

一般に多くの魚類は、有性生殖の中でも異形配偶子の合体による両性生殖を行う。異形配偶子とは、大きさに差異がある配偶子（卵と精子）であり、卵をつくる性機能はメスが、精子をつくる性機能はオスが担っている。両性生殖を行う種の多くは、オスとメスが異なる個体（雌雄異体）である場合が多いが、一つの個体内部に卵巣と精巣の両方をもつ種（雌雄同体）も比較的多い。雌雄同体の種で

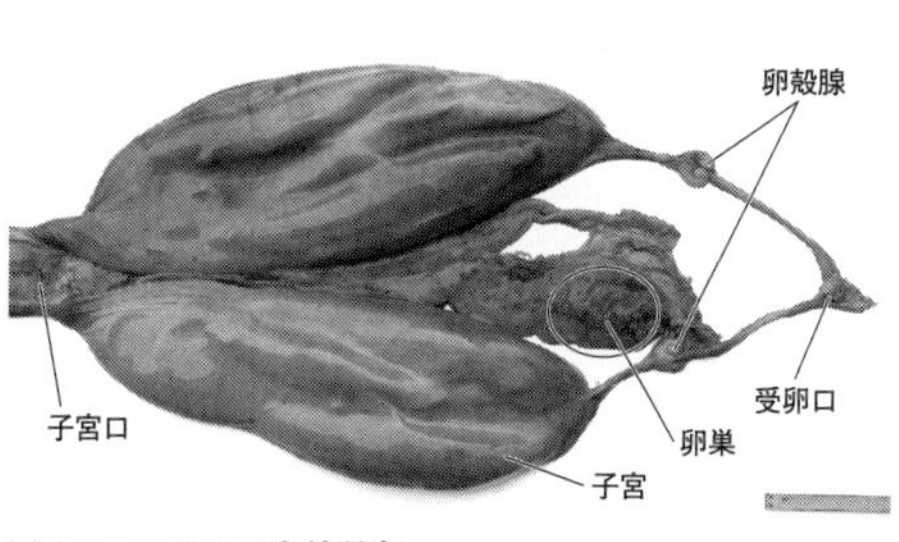

図4－1　サメの生殖器官

は、性機能がオスからメスへ変化する雄性先熟、メスからオスへ変化する雌性先熟、少数ではあるが卵巣と精巣の両方が同時に機能する同時的雌雄同体など、いくつかのタイプが存在する。このように、サメ以外の真骨魚類では、性決定が比較的曖昧で、生まれながらにして性が決定していない場合も珍しいことではない。

一方、サメの場合は私が知るかぎり、個体の性は生まれる以前から決定しており、子宮内の胎仔においても、内部生殖器官（輸卵管または子宮、輸精管など）や腹ビレに付属するクラスパー（交尾器）の外部形態的な分化が起こっていることが知られている。また、性決定に重要な役割を果たすサメの染色体に関する知見についてはごくわずかであるが過去に研究が行われている。

たとえば、ジンベエザメやトラフザメでは2n＝102、イヌザメやシロボシテンジクザメでは2n＝106であり、性決定にはヘテロ接合型の性染色体（XX/XY）が関与していると考えられているが、現状では明確な答えが出ていない。

サメの交尾

サメやエイなどの軟骨魚類における交尾は、クラスパーを直接相手の個体に差し込み、体内で受精をする行動である。多くの場合、オスがクラスパーをメスの体内に挿入した後に、配偶子

（精子）をメスの体内に送り込んで、メスの体内で卵子と受精させる。軟骨魚類では、複雑な構造をもつクラスパーを用いて、より確実な方法で体内受精を行うことが知られている。

一般的に、多くの板鰓類の交尾は継続時間が硬骨魚類より長く、次の4段階を経て行われる。

① オスが定位しているメス、あるいは遊泳しているメスにやや後方からアプローチし、メスに寄り添うように位置する
② オスがメスの胸ビレに噛みつき、平行に並ぶ
③ オスは噛みついたままメスを反転させ、腹側が上に向くように体位を変える
④ クラスパーをメスに挿入し、射精を行う

このように書くと個性がみられないように思われるが、私の過去の経験からいわせてもらえば、ジンベエザメや、サメではないがマンタもふくめて、野生下においてオスとメスの遭遇機会が少ないサメたちは、比較的①の追尾に対する執着心がきわめて強い印象がある。ジンベエザメなどは、オスが興味を持った相手のメスを見つけると、長時間にわたって執拗に追いかけ続けることが、水族館での観察でも確認されている。

交尾の際にはオスがメスの胸ビレに噛みつくのが定石だ。オスが右胸ビレに噛みついた場合

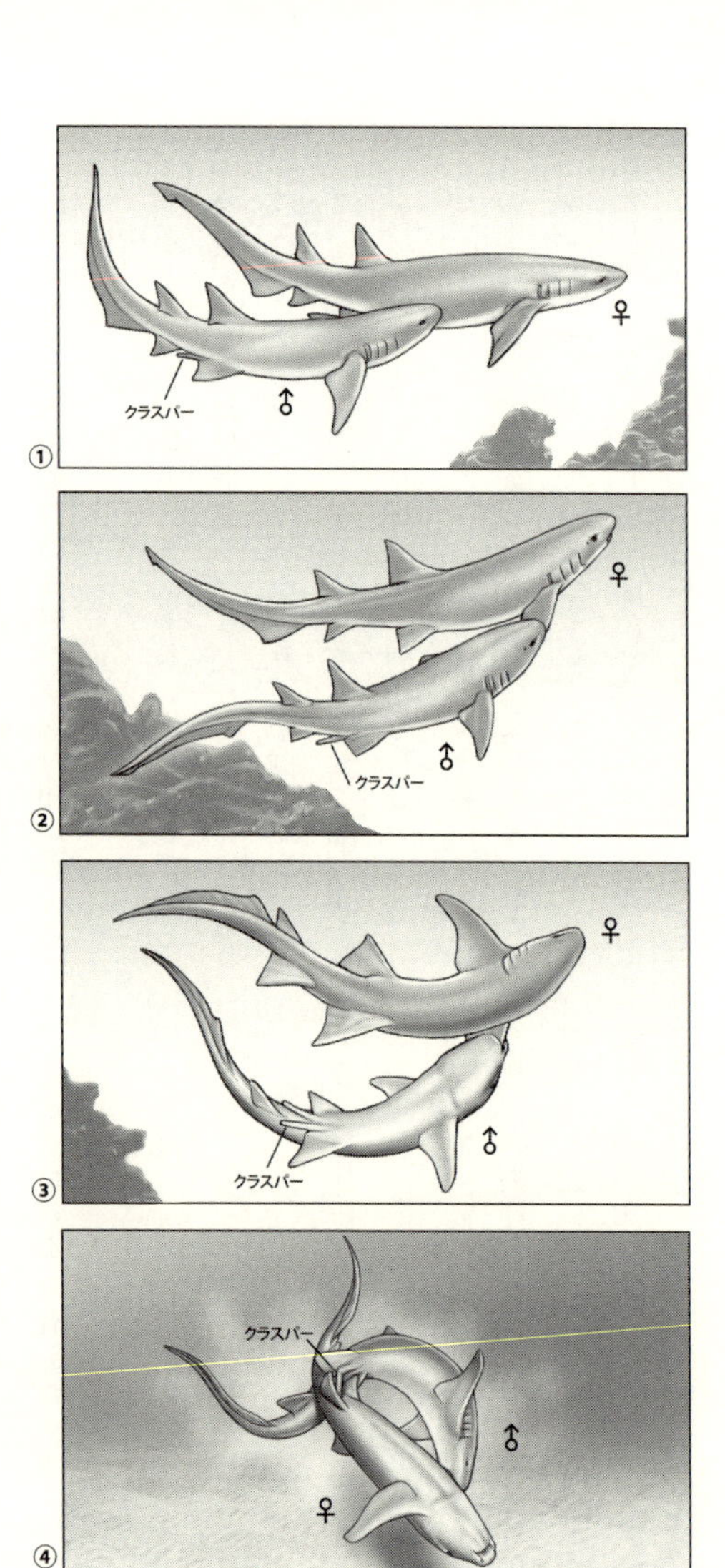

図4－2　サメの交尾

は、右側のクラスパーを根元から内向きに折り曲げてメスに挿入し、左を噛んだ場合は左側のクラスパーを折り曲げて用いる。私が知りうるかぎり、2本のクラスパーを同時にメスに挿入している事例は存在しない。

また、野生下では、よく片方のクラスパーを失っているオスを見かけることがあるのだが、これはおそらく、サメの交尾行動の特徴を反映したものだろうと考えている。つまり、サメの交尾はヒレに噛みつく行動をともなうため、複数のオスが交尾を求める際に、誤ってオスの腹ビレ（つまりクラスパー）に噛みついてしまうことがあるのだろうと考えられる。

サメのオスがメスに交尾をしかける段階になると、オスは小刻みにクラスパー周辺を震わせ、腹ビレ基部から前方に発達したサイフォンサックという袋に多量の海水をため込む。サイフォンサックは種によって形状はさまざまだが、外見上でもひときわ膨張するようすが確認できる。

その後、クラスパーを挿入し体内に射精を行う際には、サイフォンサック周辺の筋肉を収縮させることにより、多量の海水をクラスパーの基部から噴射し、泌尿生殖器乳頭（精管開口部）から分泌された精液をクラスパーの溝状構造を通してメスの輸卵管内へ圧送する。交尾の間、オスは小刻みに腹部を震わす行動をとる。交尾が終了すると同時に、オスはクラスパーを抜くとともに、噛みついた胸ビレを離す。

その後、オスとメスは完全に離れ、泳ぎ去るが、まれに雌雄両者が海底に仰向けの状態になったまま、しばらく動きを止めてしまう場合がある。沖縄美ら海水族館でも、トラフザメやオオテンジクザメなどが、交尾後ひっくり返った状態で水槽の底で横たわっている場面を見かける。来館者から、「サメが死んでいます」と連絡が来ることもあるのだが、私たちは「交尾の勢いで少しの間、横たわっているだけですのでご安心ください」と答えている。

ほとんどのサメは、このようなパターンで交尾をすると考えられているが、実際に交尾の一部始終が観察された例は少なく、飼育下でなければ観察は難しい。私個人がぜひ見てみたいと思っているのは、ミツクリザメの交尾だ。ミツクリザメは飛び出す顎をもっていることは先述したが、あのグラグラの飛び出す顎を用いてオスがどのようにメスに噛みつき、交尾の体勢をとるのか、この目でぜひ確かめてみたいものだ。

さまざまなクラスパーのかたち

サメ類のオスにみられるクラスパーは、腹ビレ基部に付属する1対の器官で、その背面には精子をメスの体内へ送り込む溝状の構造がみられる。クラスパーの形状は種やグループにより異なっている。クラスパーは多くの軟骨要素によって構成されるが、成熟すると急激に伸長し、石灰化して硬くなる。おおよそ、クラスパーが腹ビレに隠れるほど小さい状態であれば未成熟であり、腹ビレの後端を越えて長く伸びているようであれば成熟していると判定できる。加えて、手で触れることができれば、その硬さによっても成熟状態を判別できる。クラスパーの後方部分は、関節によって外側へ折れ曲がる機構をもっており、交尾の際にメスの体内でロックをかける機能をもつ。サメの種によっては、クラスパーの先端縁辺に鉤状の肥大した楯鱗（クラスパーフック）や、鋭く長い棘をもつもの（ツノザメ類）も存在する。

サメ類だけに限定しても、クラスパーの形態は多様だ。基本的には体内受精を成功させるため、より確実に精液をメスの体内に送り込むような構造になっていると思われる。しかし、なぜこのように形態や大きさがさまざまなのか、説明することはとても難しい。ちなみに、私がこれまで見たクラスパーで最も大きなものは、全長8・2メートルのウバザメのクラスパーだ。これは、同じ全長のジンベエザメと比べて、はるかに太く、長い。ちなみに、私がウバザメのクラスパーと並んで撮影した写真があるので、その大きさがわかるだろう。

特に遊泳性の高いサメ、たとえばネズミザメ科のサメやウバザメには、大きく長いクラスパーを体に収納する「クラス

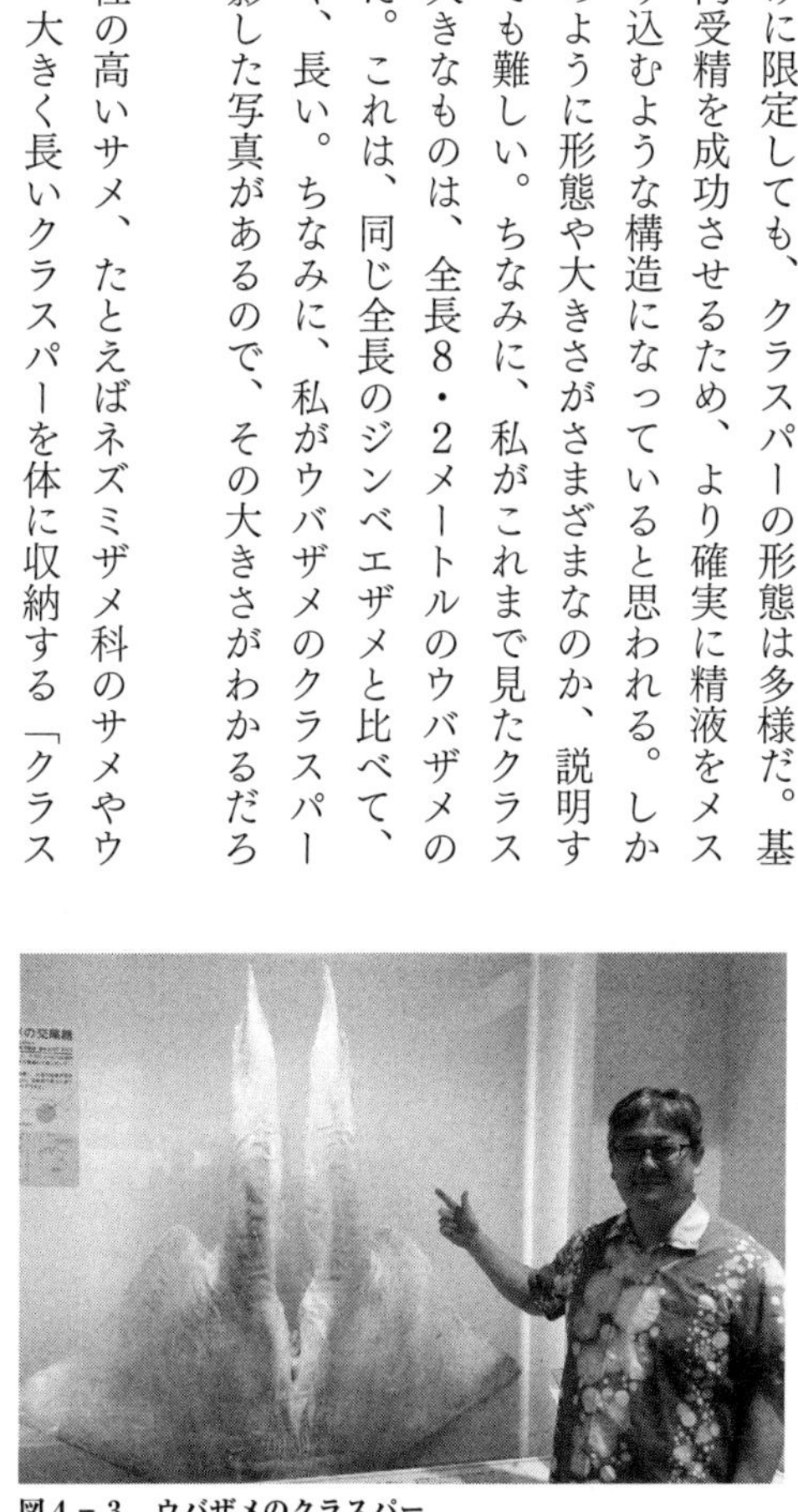

図4－3　ウバザメのクラスパー

パー・ポケット」という構造が存在することが知られている。これは、航空機がランディングギア（着陸装置）を機体に収納し、空気抵抗を軽減するのと同様の働きがあると思われる。高速で遊泳するマグロ類にも、胸ビレや背ビレを収納するスペースが備わっていることから、高速・長距離遊泳に適応した構造なのだろう。

本書の守備範囲からは少し外れてしまうが、同じ軟骨魚類であるギンザメなどの全頭類では、交尾の際、オスがメスを押さえるための突起（前額交尾器、腹鰭前突起）によってメスをつかむため、胸ビレへの噛みつき行動がないと考えられている。また、体が扁平なエイ類の場合には、オスがメスに噛みつく行動は共通するが、完全に腹合わせ状態となって、交尾を行うことが知られている。

4-2 サメの繁殖様式

卵生のサメ・胎生のサメ

多くの書物を開くと、サメ類の繁殖様式は卵生、胎生、および卵胎生に区別されると書かれている。それが意味する卵生は、別名〝人魚の財布〟と呼ばれる硬い卵殻に覆われた受精卵を体外に産出し、海底の構造物や砂泥底に産み付けるものを指している。

サメにおける卵生は、あまり活発に泳がない底生性のサメに多くみられる様式だ。卵生種は、すべてのネコザメ目、多くのテンジクザメ目や、メジロザメ目のトラザメ科、ヘラザメ科のサメにみられる。卵殻内で発生した仔ザメは海底で数ヵ月から数年かけて成長し、海中に孵化するため、その間に外敵に襲われることも多い。特にヒトデやウニなどの棘皮動物は、体の腹面にある口から胃を反転させ、卵殻を溶かして穴をあけ、中身を食べてしまうことから、卵生のサメにとって最大の敵なのかもしれない。

一般に、孵化までの日数は温度によって大きく変化する。沖縄美ら海水族館での観察によると、暖かい海にすむトラフザメでは約6ヵ月で孵化するが、深海性のイモリザメの場合は水温10度において孵化まで1年半を要している。

一方、胎生はサメの過半数の種にみられる繁殖様式で、母体から直接仔ザメを海水中に出産する。胎生のサメであっても、卵殻を作らないわけではなく、厚みや形はさまざまだが卵殻に相当する薄い膜に包まれた状態で、子宮内に受精卵を保持するのが基本である。先述した通り、私は「卵胎生＝胎生の一部」

図4－4　ネコザメの卵殻 ©アフロ

として議論したい。卵胎生はサメの研究者の間では近年あまり使われなくなった言葉だ。後述する〝卵黄依存型の胎生〟がそれに近いタイプと考えられるが、実際には胚発生が母体にまったく依存せずに進行する事例は、私が知りうるかぎりにおいてほとんど存在しない。卵胎生と胎生を明確に定義することなど、サメの世界では不可能に近いのだ。

母体から胎仔への栄養依存関係による分け方

サメの繁殖様式を体系的に論じるためには、単純に「卵生or胎生」という〝産み方〟のみに着目するのではなく、〝母体と胎仔の関係〟にも着目しなければ、繁殖様式の進化の過程を理解する重要なヒントを見失ってしまう。

米国のサメ研究者であるジョン・ワームス博士らは、サメ・エイ類の繁殖様式を栄養供給のしくみという観点から類型化し、その体系は現在でも幅広く用いられている。ここでは、ワームス博士の説をもとにして、繁殖様式を記載していこう。

サメの繁殖様式は、母から子への栄養供給の有無、つまり母体にほとんど栄養を依存しない卵黄依存と、母体から何らかの栄養供給を受ける母体依存に分けられる。前者の卵黄依存は、卵生種および卵黄依存型の胎生種に見られるタイプで、おもに卵黄に頼った栄養供給の様式である。卵生種の場合は卵黄に100%栄養を依存することは明らかなのだが、胎生種において母体からの栄養供給をまったく受けないことを証明するのはきわめて難しい。

卵生種の場合、さらに単卵型と複卵型に大別される。前者の単卵型は、ほとんどのトラザメ科・ヘラザメ科、一部のテンジクザメ目のサメが該当する。これらは読んで字のごとく、1対の輸卵管にそれぞれ1個の卵殻卵を保持する。1対と書いたのは、サメは左右で1対の輸卵管（胎生の場合、子宮となる）があるため、単卵型の場合、通常左右1つずつ、合計2つの卵殻卵を保持する。

それらの卵殻卵は、ふつうは輸卵管内に長く留まらず、海底に産卵される。卵殻の形状はさまざまだが、分類群によりある程度の特徴がみられる。一方、複卵型の卵生は、トラフザメ（テンジクザメ目）、ナガサキトラザメやヤモリザメ属（ヘラザメ科）、シンカイイモリザメ属の一部にみられ、複数の卵殻卵を〝一定の期間〟輸卵管内に保持する。これらの卵生種では、産卵後まもなく胚発生が進行し、卵黄を吸収しつくした段階で孵化する。

ところが2020年、北海道大学の仲谷一宏博士らが、台湾近海で採集したサラワクナヌカザメについて、定説を覆す大変面白い発見をした。このサメは、他のナヌカザメ属とは異なり、胚発生が母体内の卵殻内部で進行し、卵殻から孵化する直前に母体から外界に産出するらしい。仲谷博士らは、論文でこの様式を「保持型単卵生」(Sustained single oviparity) と名づけた。

それだけ聞くと単純に、長い間、卵殻卵を体内で育てることなのだろうと思うかもしれないが、じつはここに大変大きな謎がある。母体内で胚発生が進む場合、ある程度の大きさに成長した仔ザメは、呼吸するための酸素要求量が大きくなる。そこで、何らかの方法で卵殻内に酸素をふくんだ液体（羊水または海水）を取り込む必要がある。早い時期に海水中に産出されれば、卵殻にあいた小さなスリット（隙間）から海水を取り込むことが可能だ。しかし、母体内においては、母体から酸素が供給されるか、または輸卵管の中に海水を取り込むか、いずれかの方法で呼吸水を確保する必要があるだろう。

しかし残念ながら、この疑問はまだ解明されていない。この謎を解くには、やはり飼育下での観察が不可欠ではないかと思う。近い将来、私たち沖縄美ら海水族館と台湾の研究者が協力して研究し、水族館での繁殖研究が実現することを期待している。

卵黄依存型胎生のサメ

ここからは胎生のサメについて、深く掘り下げて説明したい。ワームス博士が類型化したサメ類の繁殖様式の区分によると、胎生ザメの繁殖様式の祖先形は「卵黄依存型胎生」である。卵黄依存型胎生では、胎仔は子宮内で母体からの栄養供給を受けず、比較的大きな卵黄嚢のみに栄養を依存する。この点については卵生のサメと基本的に同じである。一般的な卵黄依存型では、発生初期には卵黄物質を卵黄嚢（外卵黄嚢）にため、卵黄柄を通して消化管に卵黄物質を送り込む。発生の後期になると、外卵黄嚢から体内の内卵黄嚢に卵黄物質を送り、外卵黄嚢の縮小後もしばらくのあいだ、体内に卵黄物質をたくわえる。

卵黄依存型胎生のサメでは、子宮内の胎仔は各々薄い膜状の卵殻（または卵被膜）に包まれる。ツノザメ目の場合、複数の受精卵が並んで1つの鞘に包まれた状態（キャンドルと呼ばれる）で存在する。卵黄依存型胎生のサメは、ネコザメ目やネズミザメ目以外の系統群に幅広く存在するが、繁殖周期や産仔数はそれぞれ異なっている。

極端な事例だが、卵黄依存型の胎生種と考えられているジンベエザメについては、過去に台湾で捕獲されたメス個体の子宮から合計300個体の胎仔が発見され、それらがいくつかの発生段階にグループ化されていた。ちなみに、ジンベエザメの最も近縁な種であるトラフザメは複卵型の卵生種であるが、よく見ると胎

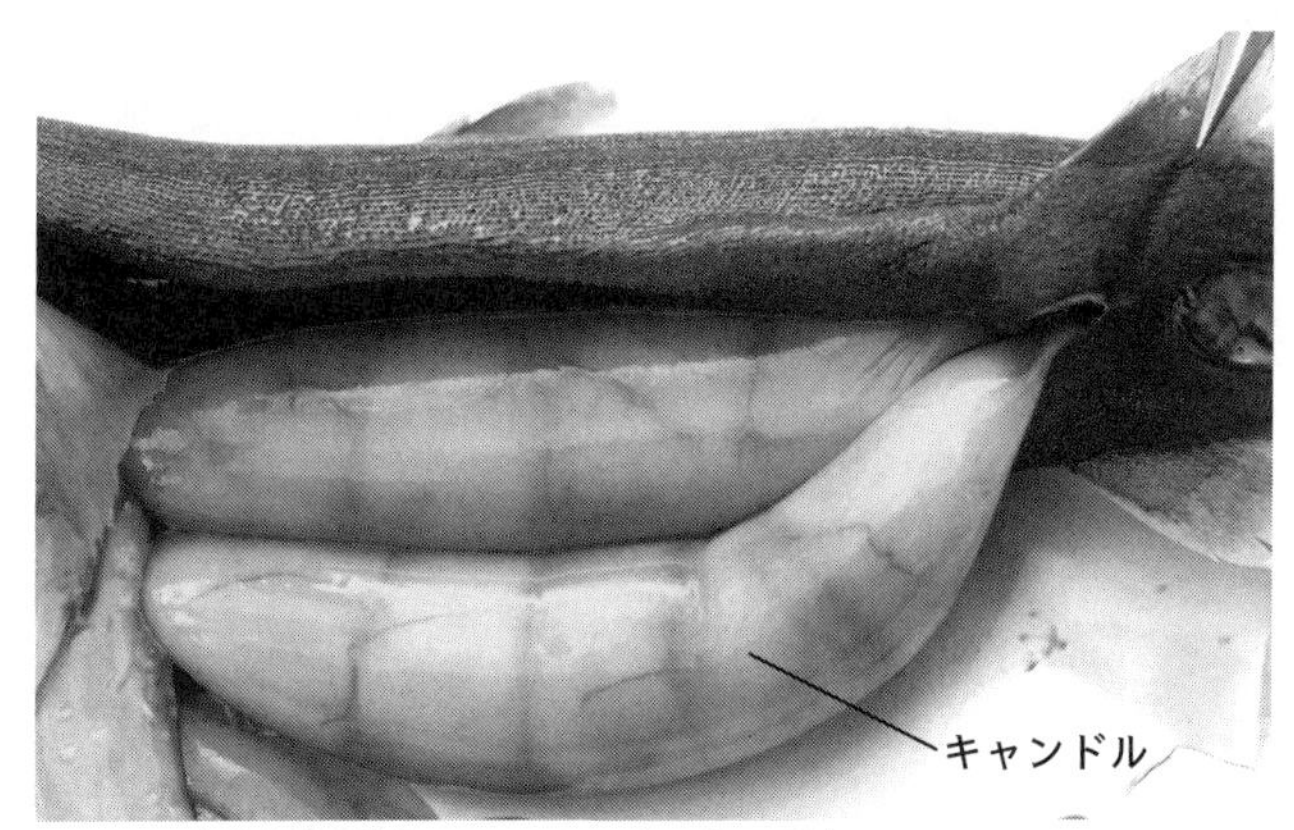

図4－5　卵黄依存型胎生のヒレタカフジクジラの子宮

生であるジンベエザメの繁殖にきわめて類似している。つまり、トラフザメの保持する卵殻の数を極端に多くしたうえで、子宮内での卵殻保持期間を極端に延長させると、ジンベエザメの繁殖方法に近くなるように見えるのだ。

卵黄依存型の胎生は、基本的に〝母体由来の栄養に依存しない〟と定義される。しかし、実際にはその見極めはきわめて困難だ。ワームス博士は、出産直前の胎仔の乾重量が受精卵の乾重量より25％以上減少している場合、卵黄依存型であると考えてよいと述べている。しかし、その定義にあてはまる胎生のサメは、ツノザメ属などごく一部のサメに限られている。サメの子宮内壁には多数の血管が密に分布し、胎仔のガス交換や羊水の環境維持に寄与していると同時に、分泌組織から何らかの有機物や無機物が子宮内へ分泌され、胎仔がそれらを摂取している可能性が大いにあるのだ。つまり、厳密に卵黄だけに栄養を依存することを証明することは困難であり、真に卵黄依存型といえる種がどれほど存在するのかは、私たちのようなサメ研究者でもわからない。

組織分泌型胎生のサメ

先述の卵黄依存型に対して、母体から胎仔へ栄養供給を行うタイプのサメを、「母体依存型胎生」と呼ぶ。これらのサメでは、卵黄由来の栄養だけでなく、母体から〝何らかの方法〟で栄養供給を受け、仔ザメをより大きく成長させた状態で出産することができる。

母体依存型胎生で一般的なタイプは、子宮内壁から有機物をふくんだ分泌物を子宮内に供給し、それを胎仔が摂取する方法である。卵黄依存の場合に比べ、卵黄のほかに栄養補給することで、仔ザメをさらに大きく成長させることができる。サメ類における子宮内の栄養分泌は、「粘液性組織栄養型」と呼ばれ、比較的栄養分の少ない分泌物を子宮の内壁から分泌し、胎仔に供給するものが多い。一方、エイの一部（アカエイ類）には、高カロリーなミルク様の物質を分泌する「脂質性組織栄養（子宮ミルク）型」が数多く存在する。胎仔は、それらの栄養物質を消化管から吸収すると考えられている。

かつては卵黄依存型胎生とみなされていたサメが、近年の研究により、母体からの栄養供給の存在が判明した場合もある。その多くのタイプは、「粘液性組織分泌型」で、卵黄依存型の派生形とみなされている。具体例をいくつか挙げてみたい。

東海大学の田中彰博士は1990年に深海ザメの一種であるラブカの胎仔標本を詳細に調査し、本種の胎仔が卵黄以外の何

図4－6　組織分泌型胎生のイタチザメの子宮

らかの栄養物質を母体から得ていると結論づけた。また、米国フロリダ州立大学のチャールズ・コットン博士は2015年に発表した論文で、アイザメ属の一種がラブカと同様に母体から何らかの栄養供給を受けていることを発見している。さらに、2016年に米国海洋大気庁（NOAA）のホセ・カストロ博士と私が公表した論文では、イタチザメが粘液性とも脂質性とも異なるタイプの繁殖様式（論文では胚栄養型Embryotrophyと命名）であると述べている。この論文では、イタチザメの繁殖様式である胚栄養型は、この後に説明する「胎盤型の胎生」から胎盤を失うことで獲得された派生的な形質と考えている。

ラブカやイタチザメなどは、過去には卵黄依存型と呼ばれていたサメだったが、後の研究によって組織分泌型であることが判明する事例は数多く存在している。

胎盤をもつサメ

続いて紹介する繁殖様式は「胎盤型」と呼ばれるタイプだ。サメは脊椎動物の進化の歴史の中で最も初期に分岐し、私たち人間からは最も遠い脊椎動物のグループである。しかし、奇妙なことに、サメの中には哺乳類のように胎盤を形成し、母体が胎仔に臍帯（へその緒）を介して栄養や酸素を供給するものがいる。胎盤をもつものは動物全体を見てもかなり珍しく、哺乳類の有胎盤類以外では、爬虫類の一部に存在するだけである。

サメの胎盤型は、組織分泌型の繁殖様式から派生したと考えられ、メジロザメ目のメジロザメ科（イタチザメを除く）やシュモクザメ科ではほとんどの種がこのタイプで、ドチザメ科にも胎盤をもつ種がいる。このタイプでは、胎仔が1個体ずつ子宮内に作られたカプセルホテルのようなコンパートメントに収納され、比較的窮屈な状態で母体の体軸と直角方向に整列している。

これらサメ類の胎盤は、妊娠の初期から形成されるものではなく、胎仔がもっている外卵黄嚢が縮小した後に胎盤に変化するので、卵黄嚢胎盤と呼ばれる。外卵黄嚢が縮小し、胎盤が形成するまでの一定期間は、子宮壁から胎仔に栄養と酸素が供給される可能性もあると思われるが、それを示す研究結果はまだ報告されていない。

胎盤形成後、胎盤付着部の子宮壁は分泌活動のほか、ガス交換、浸透圧調節、老廃物の輸送などを担っていると推測される（あくまでも状況証拠からの推定）。サメの胎盤は、結果として有胎盤類の胎盤と似たような機能を担ってはいるが、そもそもその組織が形成される由来がまったく異なっている。

サメの母体の子宮内壁と胎仔の胎盤面組織間には、胎仔膜（egg

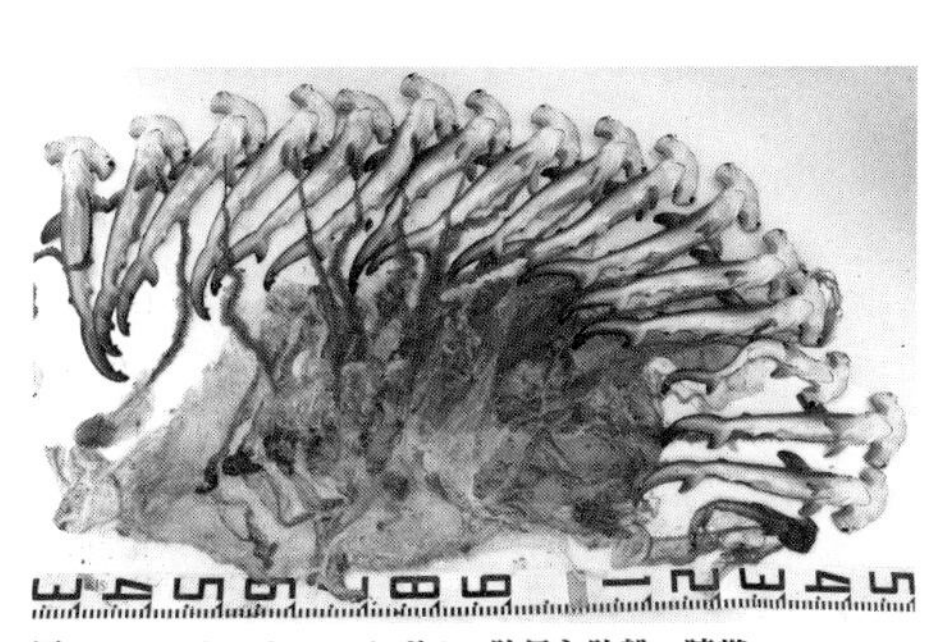

図4－7　シロシュモクザメの胎仔と胎盤・臍帯

membrane＝卵殻）が存在する。また、胎盤型のサメ類の臍帯は1動脈・1静脈の2本の血管と、1本の卵黄腸管（ductus vitellointestinalis）からなるが、ヒトの臍帯では2動脈・1静脈で、卵黄腸管はない。

産科医師であり、私も尊敬する胎盤学の権威、相馬廣明（ひろあき）博士はシュモクザメの臍帯と胎盤を研究している。免疫染色を用いて組織の観察をすると、サメの胎盤はヒトの胎盤と共通した特徴が多いという。相馬博士の研究によると、胎盤型のシュモクザメの子宮絨毛上皮細胞質は、ヒト絨毛上皮細胞にみられるようなタンパクやホルモン物質、たとえばヒト胎盤タンパク、ヒト絨毛性ゴナドトロピン（hCG）、ヒト胎盤性ラクトーゲン（hPL）、妊娠性タンパク（SP1）などに対して陽性を示したことからも、由来のまったく異なる胎盤組織が、共通した機能や物質輸送を行っていることがうかがえる。今後は、遺伝子の側面から胎盤の獲得と進化の過程、機能などが解明されることを期待している。

胎盤型の繁殖をするサメ類は、通常繁殖周期が2年で、妊娠期間は2年程度かまたはそれより短いものが多い。また、産仔数は左右の子宮合わせて4、5個体から、ヨシキリザメのように最大135個体まで、さまざままである。

卵食型のサメ

ホホジロザメをはじめとするネズミザメ目のサメは、「卵食・共食い型の胎生」の繁殖様式をもつのが特徴である。卵食とは、母体の子宮内に卵巣から排卵される未受精の栄養卵を摂取することに由来する。ネズミザメ目のほか、チヒロザメ（メジロザメ目）、オオテンジクザメ（テンジクザメ目）が卵食型の胎生とされているが、これら3つのグループの卵食は、それぞれの系統で独自に派生したもので、詳細を見れば栄養卵の供給方法やその形態がまったく異なっている。

卵食型の代表格であるネズミザメ目では、子宮内で薄い卵殻から孵化した胎仔が、卵巣から供給される小型の〝栄養卵〟（卵殻内に複数の小型の未受精卵が入ったカプセル）を栄養として口から摂取する。

摂取した栄養卵は胃の中にたくわえられ、出産直後には胃のふくらみもかなり小さくなる。極端な量の卵食を行う種（ホホジロザメ）では、胎仔の胃は自らの体よりも大きく肥大し、巨大な卵黄胃を形成する。また、シロワニでは最初の受精卵から発生した胎仔が、他の受精卵とともに兄弟の胚も捕食することから、共食い型と呼ばれる。共食いとはいえ、意図した共食いというよりも、偶発的に後発の受精卵を捕食してしまうものであり、〝卵食型の一つの形態〟と考えればよいと思う。ちなみに、ホホジロザメでは、今のところ子宮内での共食いの報告はない。

ホホジロザメは授乳をする!?

卵食型のサメ、特にシロワニやネズミザメ類の繁殖について詳細な研究を行った、米国のグラント・ギルモア博士は、30年以上前に発表した論文中で、「卵食型のサメは、卵黄を吸収するフェーズと卵食を行うフェーズとの間に、別の栄養に依存するフェーズが存在する」という考察を残していた。残念ながら、それ以降誰一人としてこの現象を確認することはできなかった。

しかし２０１４年2月13日、私たちはギルモア博士の仮説に再び光をあてる出来事に遭遇する。私たちは驚きの発見をしてしまったのだ。それは、沖縄県内のある漁協がしかけている定置網に大きなサメがかかってしまったので、引き取ってもらえないかという知らせから始まった。水族館の係員が急いで現場に向かうと、巨大なホホジロザメが横たわっていた。そのサメは全長5メートル。一目見ただけで妊娠していることがわかる巨大なメスであった。

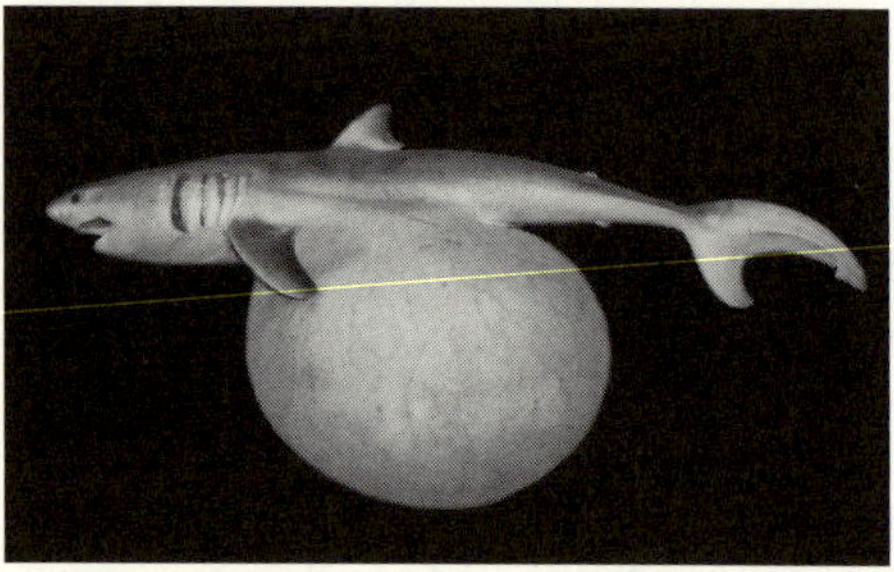

ホホジロザメは、先に述べたとおり〝卵食型〟の繁殖様式をもつことが知られていた。ホホジロザメの胎仔は、子宮内で成長するための栄養源として、母ザメが排卵する卵の詰まったカプセ

図4－8　ホホジロザメの子宮内胎仔（肥大した部分は卵黄を大量にふくんだ胃）

ル（栄養卵）を大量に摂取し、子宮内で全長1メートル以上、体重は20－30キログラムにまで成長する。多いときは、10個体以上の仔ザメを一度に妊娠するのだから、母ザメの大きさもかなりのものであることは想像できるだろう。

私はそれまでにも何度もホホジロザメの妊娠個体を観察していた。最初はその大きさと胎仔のふしぎな形にたいそう驚いたものであるが、今回はそれを超える驚きがあった。そのメスのホホジロザメを解剖したところ、子宮内にミルク臭が漂う大量の液体と、見たこともないエイリアンのような胎仔6個体を発見した。このときの発見は、後に論文として公表されたのだが、サメ類では初めての「子宮ミルク」の分泌が頭をかすめた。

まず、子宮内に存在していた仔ザメは、これまで見たこともない、巨大な鰓をもつエイリアンのような形態だった。これは、世界でも最小のホホジロザメ胎仔の記録だった。また、子宮内に推定100リットル以上ふくまれていたクリーム色の大量の液体の由来も確認する必要があった（口絵参照）。

通常、サメの子宮内には胎仔が呼吸をするための子宮内液（＝羊水）がふくまれている。その成分はおおよそ子宮の内壁から分泌されるのだが、ホホジロザメの子宮壁からこのクリーム色の液体が本当に分泌されているのか、組織を観察して確かめてみることになった。すると、ホホジロザメの子宮の表面が細かく入り組んだヒダ状の構造をしていること、組織染色により子宮表面から活発に〝脂質〟を含む物質を分泌していることが明らかになった。この現象とまったく同じものが、じつはマンタなどのイトマキエイ類やアカエイ類にも見られる。それらは、脂質性組織栄養（子宮ミルク）型と呼ばれているため、この発見はサメ類で初となる子宮ミルクの分泌だろうと結論づけた。

興味深いことに、この子宮内で発見されたエイリアン型の胎仔は、成魚とはまったく異なる針状の尖った形態の歯をもっていた。同時に、子宮内には少ないながらも栄養卵のカプセルも発見された。そこで我々は、この胎仔がまさにミルクを摂取する時期から卵食に移行する時期にあたるのではないかという仮説にたどりついた。つまり、ホホジロザメは妊娠の過程で、卵黄吸収→ミルク摂取→栄養卵食と、3段階の栄養供給の過程を経て成長すると考えられるのだ。この結論は、30年以上前にひっそりと述べられていたギルモア博士の仮説の証明にほかならないものだ。

未知なる繁殖方法発見の可能性

これまで、サメ・エイの繁殖様式について長く述べたが、いまだ繁殖様式がわからないサメも数多くいて、私自身も多くの疑問を抱えている。特に、さまざまな系統群のサメにみられる組織栄養型では、それぞれのグループで形質の由来（＝祖先）が異なるだけでなく、分泌物の成分や分泌組織、分泌の方法も異なっている可能性がある。つまり、機能的には類似性がみられる一方で、それぞれの性質は微妙にちがっているという事例も多数ある。

さらに、ものによっては妊娠個体すら見つかっていないサメや、メガマウスザメやミツクリザメのように詳細なデータが存在しない種も数多くある。将来、多くの種についてのサンプルと資料を蓄積し、小さな知見を積み上げていくこと以外、サメの繁殖に関する謎を解明する方法はないだろう。

サメ類の研究で最大の障害は、サンプル入手と生体観察の難しさにある。一般に、卵生種のサンプル入手は比較的容易であるが、母体依存型の胎生種は体のサイズが大きく、飼育下での繁殖が難しく、さらに繁殖周期が長いため、サンプルの確保が困難である。また、希少種や深海性の種が多く、サンプルの入手はかなりの偶然性をともなうため、短期的な研究計画を立てることが難しい。これらを解決するためには、サン

図4－9　マンタの出産——未知なる繁殖方法発見の可能性

プルの安定的確保が重要であり、水族館など大型の先進的飼育施設と技術開発が貢献する部分であろう。

沖縄美ら海水族館では、世界に先駆けてマンタ（ナンヨウマンタ）の飼育下繁殖に成功し、多くの繁殖学的知見を得ることができたが、これは長年の飼育技術の蓄積と、生体を傷つけない「非侵襲型」のデータ取得方法の開発がもたらした成果である。さらに、ジンベエザメについても、成熟から繁殖にいたる生理学的モニタリングを行い、将来の飼育下繁殖に向けて取り組むことが、いまの私たちの最大の目標である。

4-3

サメの繁殖様式と進化

卵生と胎生

卵生が先か、胎生が先か？　これは私たちにとって最も難しい質問かもしれない。サメの歴史はあまりにも長く、確固たる証拠を見出すことはほぼ不可能に思われる。しかし、一般に流布しているサメの本を見るかぎり、あたかも卵生が原始的な形質であり、胎生が派生的なものであるかのような書きぶりになっている場合が多い。

過去に、この疑問に対するいくつかの仮説が提唱されている。先に述べた繁殖様式のパターンを調べたワームス博士、メジロザメ目の進化仮説を記したコンパーニョ博士によると、彼らも卵生がサメ類の繁殖様式における祖先系であることを疑っていない。また、その後、板鰓類の系統仮説に繁殖様式の進化を追跡したダルビーとレイノルズも、祖先系は卵生であると述べている。

確かに、魚類の多くは卵生であるし、その他の脊椎動物を見ても、両生類や爬虫類の多くは卵生種である。しかし、この視点は哺乳類である我々人間から見た感覚による先入観にほかならず、もう一度卵生と胎生のメカニズムを掘り下げてみる必要があるのではないだろうか。

米国のサメ研究者であるジョン・ミュージックらは、過去の仮説と少しちがった視点からサメ類における繁殖の進化について述べている。彼らは、過去の仮説が陥った過ちは、ギンザメ類の「卵生」を外群として位置づけたことに問題があると考えた。現生種に限ってみれば、軟骨魚類の系統樹上でサメ・エイ類の姉妹群となるギンザメ類はすべて卵生種であるが、化石種の範囲にまで広げるとギンザメ類はその一部に過ぎず、化石種には多くの胎生種がみられるという事実から考えると、かならずしも卵生種が祖先系であるという推論が正解とはいい切れないことがわかる。

“最大節約”による進化の検証

何度も繰り返しになってしまうが、4億年におよぶサメの進化の歴史をたどることは容易ではない。過去の歴史の一端を物語る化石の存在は事実であるが、そこから導かれる仮説はあくまでも仮説であり、新たな化石が発見されれば覆されることもある。特に情報が少ないサメの繁殖様式の進化をたどることは、さらに困難をきわめる。

私たちが現生（化石種をふくめる場合もある）の種から得た情報をもとに、過去の歴史をたどるのが系統学である。現在では、分子進化学的方法により、かなり多くの客観的データから、過去を推定する方法が存在し、現生のサメ・エイ類の系統仮説はおおむね合意を得ていると考えてよいと思う（第2章「サメの二大系統と高次分類群」参照）。この系統樹にそれぞれの繁殖様式を重ね合わせてみると、卵生と胎生が混在する系統が多くみられることがわかる。

特に、多様性の高いメジロザメ目では、トラザメ類ではおもに卵生が占めているが、ドチザメ類では両者が混在し、メジロザメ類では胎生種のみとなる。このように、サメの系統樹上では頻繁に卵生→胎生、または胎生→卵生への変化が起こったことが想像できるだろう。

動物の系統樹を推定するうえで、形態形質を用いた研究に比較的広く利用されてきたアルゴリズムが「最大節約法」だ。この方法は時間的な要素を省略し、系統樹を構築する方法のひとつで、かなり割り切っていえば、進化（形質）の変化数が最も少ない系統樹を最適解とする規則にしたがった方法である。

繁殖様式の進化にたとえると、卵生と胎生の変化の回数が最小となる場合を、最適解として採用することになる。もちろん、生物の進化が、人間が定めた最大節約的な道筋にしたがうことはあり得ない話ではあるが、現在に至る過程を最もシンプルに説明できるという点では一理ある考え方でもある。

ミュージックとエリスは、「最大節約」という条件にしたがった場合、現生種の共通祖先は胎生（卵黄依存型）だと考えるのが妥当と述べた。簡単に説明すると、サメ・エイ類の祖先が卵生だった場合と胎生だった場合を比較すると、胎生を祖先系としたほうが系統樹上における変化の回数が大幅に少なく、繁殖様式の進化をよりシンプルに説明できるというのである。

卵生が先か胎生が先か？

私自身は、現生サメ類の祖先がどのような繁殖をしていたか、明確な答えは持ち合わせていない。しかし、ミュージックらが述べたように、硬い卵殻を産む卵生種が祖先的だったと断言するのは間違いだと考えている。それぞれの種に特有な生態的特徴とリンクするサメ類の繁殖様式が、理論どおり最大節約的に進化した結果であるとは到底考えられない。

一方、卵生種の特徴の〝卵殻を形成する〟プロセスは、サメにおいては卵生種・胎生種すべての種に共通する現象だ。つまり、卵殻をつくるのは、卵生種にかぎったことではなく、むしろ胎生種よりも卵生種のほうが派生的な卵殻形成のプロセスをもっている可能性もあると考えている。

さらに、ワームス博士らが類型化した繁殖様式のタイプは、組織学的には相同ではない形質を同一の形質として見てしまう可能性を残している。たとえば、子宮ミルクの分泌はアカエイ類の系統とホホジロザメに共通してみられるが、著者らの研究によれば両者の分泌方法は異なっており、相同形質としてあつかうべきではない。また、組織栄養型についても、ツノザメ類の分泌と、ドチザメ・メジロザメ類の分泌では異なると考えるのが妥当だ。さらに、卵食型とされるネズミザメ類と、チヒロザメ、オオテンジクザメでは、それぞれ栄養卵の供給や形状が異なっている（そもそも由来が異なっている）ことから、同一視することに違和感をおぼえる。

サメは合理的に繁殖方法を変える

私たちがサメの繁殖を研究して感じることは、サメの繁殖方法はきわめて合理的に変化するということだ。テンジクザメ目の仲間を例としてみよう。テンジクザメ目はおもに熱帯域から温帯域の比較的浅い海底をすみかとする底生性のグループである。底生性のサメは卵生種が多く、特にサンゴ礁域などの海底には卵殻卵を産卵する場所が豊富に存在する。

テンジクザメ目の中でも特異なグループが、トラフザメ〜オオテンジクザメ・コモリザメ〜ジンベエザメの系統における繁殖様式の進化だ。この1つの系統にふくまれる4種は、驚くことに繁殖様式がすべて異なっている。しかし、複数の卵殻を輸卵管（胎生種は子宮）内に一定期間保持することで共通しており、保持期間が短いものが卵生（トラフザメ）に、保持期間が長いものが卵黄依存型胎生（コモリザメ、ジンベエザメ）に、さらにオオテンジクザメのような卵食性に変化したと推測される。

さらに、ヘラザメ科に属するナガサキトラザメや、オタマトラザメは、卵生と胎生の曖昧な境界に位置するサメである。両者は硬い卵殻に包まれた卵殻卵を輸卵管に長期間保持するが、前者は卵生で後者は胎生といわれている。こうなると、卵生か胎生かという問題は形質の進化としてはあまり大きなイベントではなく、容易に変化しうるもののような気がしてならないのである。むしろ、卵生であれ胎生であれ、卵黄依存から先の進化をどう読み解くかが繁殖の進化を語るうえで重要なポイントになるのだと思う。

4-4 世界初！　サメの人工子宮への挑戦

サメの子宮を人為的に再現できるのか？

私たちはこれまで長い間、サメの子宮内の構造や機能を理解するため、ひたすら研究を続けてきた。しかし同時に、子宮内で仔ザメがどのように栄養を摂取し成長するのかを経時的に観察することは、いまだにまったく手がつけられていない。その理由はきわめて単純で、胎生のサメは概して大型で、多くの個体を飼育するのが難しいうえに、繁殖周期がきわめて長いためである。よって、我々サメの研究者は、妊娠している個体が漁業によりたまたま混獲されることを待つか、飼育個体を非侵襲的に観察するしかないのだ。極端にいえば、運にまかせる以外にない。こんな状態では、期限が決まったプロジェクトや、学生の修士論文であつかえる代物ではないことが理解できるだろう。

それらの問題を解決するため、私は一つの可能性として「人工子宮」を着想した。このプランは、しばしば出くわすサメの早産や、混獲されたサメから胎仔が生きたまま出てくるのを見た際にインスピレーションを得たものだ。

じつは、哺乳類では人工子宮の開発が世界各地で行われ、マウスやヒツジでは完全とはいえないまでも、現実に成果が出ている。そのようすはまさにSFの世界である。それなら、サメも人工的に胚を育成することができるのではないか？

しかし、ひとくちにサメといっても繁殖様式はさまざまであるうえ、いまなお子宮内の観察ができていない種が多数存在している。そんな状態ゆえに、とりあえず走りながら対策を考えようという楽観的な計画のもと、実行可能な実験から始めることになった。

このプロジェクトは2017年に始まり、今年（2024年）で8年目を迎えた。当初からある程度覚悟はしていたが、サメの子宮を再現するというのは、きわめて困難な挑戦であることを思い知らされている。特に、人工子宮のプロジェクトを中心的に担っている共著者の冨田氏は、人工子宮の実験が始まると、休日返上でサメの胚の世話をしなければならないうえ、その状態が半年以上にわたり続くことになる。まさに、気力と体力、忍耐力が必要な研究だ。

先述のとおり、サメの繁殖様式は種によってさまざまである。手始めに実験を行ううえで、サンプル種はあつかいやすいサイズであること、比較的混獲されやすく胎仔を得やすいこと、シンプルな繁殖様式（つまり卵黄依存型に近いもの）でありながら、海水中では胎仔の飼育ができない種であることなど、さまざまな条件に適うサメを選ぶことにした。

その結果、ヒレタカフジクジラが栄えある実験対象種として選定された。当初はツノザメ属のサメを想定したが、それらの胎仔は比較的初期に海水適応していることが知られ、人工子宮で飼育する意義が大きくない。一方、ヒレタカフジクジラの胎仔は、海水中で生存できないことも経験

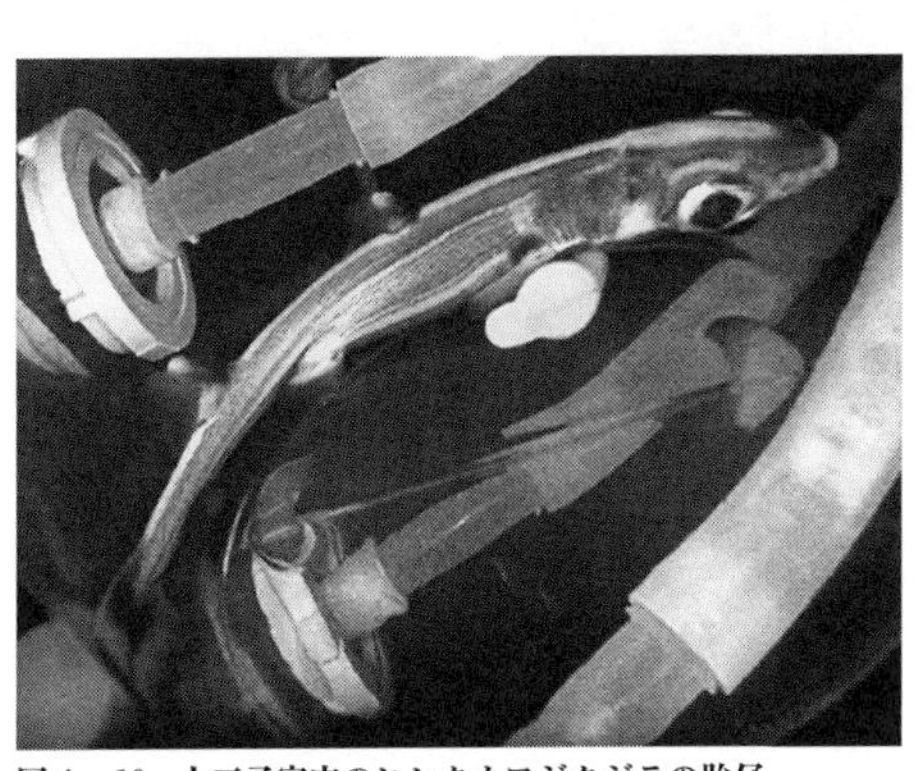

図4－10　人工子宮内のヒレタカフジクジラの胎仔

的に分かっていたうえ、ツノザメよりも胎仔のサイズが小さいなど、初めての実験として最適な条件がそろっていたのである。

この実験における最大のキーポイントは、仔ザメを収容する子宮内液（いわゆる羊水）にあるが、サメの子宮内の液体成分を特定するのはとても難しい。生きている妊娠個体から純粋な子宮内液を抽出するのは困難であるうえ、妊娠の過程で子宮内の環境は経時的に変化するからである。そこで、子宮内液にきわめて近いと考えられるサメの血漿の組成に近い液体を人工羊水として、子宮内の環境に近い温度で、ある程度無菌状態を保った閉鎖空間を満たす装置を製作した。小さなサメの子宮を再現するには、このような大がかりな装置が必要になってしまうのだ。

図4－11　サメの人工子宮

サメの体液組成は他の脊椎動物と大きく異なり、高濃度の尿素をふくみ、浸透圧が海水とほぼ等張である。それにより、サメは海水中でも浸透圧調節に利用するエネルギーを抑えるメリットがある。一方、高濃度の尿素をふくむことにより、液体中の尿素は時間の経過とともに分解し、生物体に有害となるアンモニア（溶液中ではアンモニウムイオンとして存在）が発生してしまう。さらに尿素は窒素をふくむため、微生物にとっては格好の栄養源になってしまうことから、水質の維持と滅菌状態の維持がきわめて困難だ。

そしてもう一つの課題は、人工子宮のガラス製容器は、子宮内壁と表面構造がまったく異なることだ。サメの子宮内には、種による差異こそあれ、表面積を増大するヒダ状の構造や、絨毛のような突起が多数存在し、酸素や栄養の供給のほか、振動や衝撃から胎仔を守る機能がある。実験の過程で、人工子宮のガラス容器では、胎仔の卵黄嚢の表面との接触面が大きくなり、床ずれのように組織が壊死してしまう症状も見られた。これらの問題があるため、人工子宮を安定的に維持するのは、とてつもない労力をともなってしまう。

歓喜の人工出産にむけて

２０２１年３月、実験開始から５ヵ月が経過したヒレタカフジクジラ２個体の胎仔を、出生サイズまで育成することに世界で初めて成功した。少なくとも、海水では飼育できないサメの胚を長期間育成できたのだから、これは大きな一歩であることに間違いはない。しかし、次の問題が待ちかまえている。先に述べたが、人工羊水と海水は組成がまったく異なっている。浸透圧はほぼ等張かもしれないが、塩分の組成がまったくちがう。はたして胎仔は人工羊水から海水へすぐに順応できるのだろうか？　その答えは、ＮＯだ。

魚類では海水と淡水を行き来できる広塩性の種が多数知られているが、一般に海水から淡水へ侵入するにもある程度適応に要する時間が必要だ。おそらくサメの胎仔も同様で、出産に際して羊水から海水へ適応するための時間が必要なはずである。

じつは先行研究で、サメの子宮口から海水を取り込み、子宮内の液体を入れ替えるユーテリン・フラッシング（子宮洗浄）という現象が知られている。もともと卵生のサメや、系統的に卵生に近い種では、発生のかなり初期の段階で海水を卵殻内または子宮内に取り込む。これは、内部の排泄物の除去、呼吸のための換水などがおもな機能的役割なのだと推測される。先述したツノザメ属のサメや、オオセなどはその典型例だ。一方、母親から胎仔へ栄養供給を行うなど、かなり複雑な繁殖様式をもつ種では、妊娠の後期まで子宮内が外部と遮断されている場合が多いと考えられる。

では、ヒレタカフジクジラはどうかといえば、過去の知見がなくまったくわからない。じつは、人工羊水はきわめて優秀で、胎仔がここに入っているかぎりは快適に過ごしているようすが見て取れる。ただ、卵黄嚢が吸収され、出産サイズを迎えた胎仔は、外界へ出て餌を食べ始める必要がある。

そこで、第1回目の出産に際しては、約2週間前から徐々に海水への馴致を開始し、人工子宮での育成を始めて5ヵ月後、初めて人為的なヒレタカフジクジラの出産までたどりついた。ところが、水槽に放たれた仔ザメは、800日後に死んでしまったのだ。我々は、これはおそらく海水適応への期間が短かったことにより、体液組成が乱されてしまったことが原因であると推測した。

その翌年、冨田氏をはじめとする研究グループは、これまでの経験から出産時期から逆算し、人為的に人工子宮から出す約3ヵ月前から海水適応を段階的に行うのがベストであることを導き出した。その結果、第2回目の実験では、約1年間人工子宮で育成した後、人為的出産を行った仔ザメを、その後1年間にわたり水槽内で飼育。摂餌も良好であったことから、初めての一般公開に至った。

その後も人工子宮は進化を続け、現在では船舶への搭載や、移動が可能な「ポータブル人工子宮」へと進化している。この技術は単にサメ胎仔の飼育や研究だけではなく、将来の絶滅が危惧されるサメの保護や増殖につながると考えている。今後は、さらに複雑な繁殖様式をもつ、体のサイズの大きなサメに挑戦することになるであろう。

エピローグ
サメたちの未来を展望する

執筆 佐藤圭一

故きを温ね新しきを知る

本書では、サメの古生物学から現生のサメの機能に至るまで、4億年にわたる壮大なサメの歴史をかいつまんで紹介してきた。私たち人間の祖先をたどると、脊椎動物の共通祖先に行き着くが、そこから最も早い段階で分岐したグループが、サメ・エイ・ギンザメなどの軟骨魚類である。この動物群が古い時代の名残を保持しつつ、現代に至るまで生き延びてきたことは、新参者である私たち人類、特にサメ研究者にとって、畏敬の念を抱かせる理由の一つだ。先に述べたように、現生種はいわゆる「古代ザメ」とは異なるものの、ヒトやその他の陸上動物と比較すると、古い時代の形態や生態的特徴を色濃く残している。

近年の分子生物学の進展により、「なぜサメたちは長い間その姿を保ち続けてきたのか？」という問いに対し、少しずつではあるが解答が導き出されている。たとえば、センデル・プライスらの国際共同研究では、テンジクザメ目（Orectolobiformes）の一種であるエポーレットシャークについての知見が報告された。

その研究によると、本種はこれまで調べられた脊椎動物の系統で最も低い突然変異率を持つことが示唆された。この研究では、野生下から捕獲された個体を実験水槽で複数世代にわたり累代飼育し、親子間での遺伝子変異を直接測定するために、核の全ゲノムシークエンスを行った。その結果、世代ごとに1塩基対あたり7×10^{-10}／世代の突然変異率が導き出された。この数値は他の脊椎動物と比較してきわめて低い変異率であり、サメ・エイ類が進化速度の遅い系統であることを裏づけるものだ。

つまり、サメ類は遺伝子に突然変異が生じる確率がきわめて低いため、進化の速度が遅いことが理解できる。なお、サメ類の進化速度が遅いことは以前から知られていたが、全ゲノムシークエンスが可能になったことで、実験的に遺伝子の変異率を直接計測できるようになった。

一方で、遺伝子の突然変異率が低いということは、動物種にとって大きなデメリットにもなり得る。動物種は、環境変化などの外的要因に対応するため、一定の遺伝的多様性を保持する必要があるためだ。

有性生殖が行われる理由の一つもこれに由来しており、遺伝子そのものの突然変異は種内の遺伝的多様性をもたらし、適応と存続に必要不可欠な現象だ。また、サメは少産少死であり、一世代が非常に長いことから、他の動物と比較して進化速度がさらに遅くなる要因が重なっている。

それにもかかわらず、サメはゆっくりと姿を変えながら、私たち人間よりもはるかに長い年月を生き抜いてきた。進化速度が遅いという大きなデメリットを克服し、彼らはどのような戦略で現代まで生き延びてきたのだろうか。サメの歴史をたどり、その進化の特性を知ることで、サメの未来の姿を垣間見ることができるはずだ。

進化の途上を生きるサメたち

先述のエポーレットシャークは、体のサイズが小さく、実験室内でも飼育可能であるがゆえ、たまたま実験対象とされた。進化速度が遅いとはいえ、サメの中では比較的一世代が短い種で、環境変化の大きな熱帯域、特にサンゴ礁域に棲んでいる。

このサメは小さな体で地味な存在だが、胸ビレを器用に使って陸上を〝歩く〟サメとして知られており、近年では東南アジアやオーストラリア周辺から新種の発見が相次いでいる。サンゴ礁域は、生物多様性が非常に高い海域として知られる一方で、餌となる資源が比較的乏しく、複雑な地形や干満差による物理的な環境の変化が大きいという特徴がある。このような環境は、生態系の頂点に位置するサメにとってきわめて棲みにくい条件となっている。

一般に、サンゴ礁域には比較的小型の生物が多く見られ、それぞれの生物種は狭いニッチを探し出して摂餌生態やなわばり形成などで特殊化する進化傾向をもつ。分子系統学的な研究によれば、エポーレットシャークをふくむモンツキテンジクザメ属はおよそ900万年前に出現し、サメの歴史としては比較的短期間で進化をとげ、それぞれの地域や環境に適応放散したと考えられている。このような状況から、エポーレットシャークはまさに現在進行形で進化を繰り返し、ゆっくりとした歩みで新たな種が生まれつつあるグループであるとみられている。

それからもう1種、驚くべきサメの生態と進化に関する発見を紹介したい。一般に、サメは広い海底や広範な水域を生息場所とする。しかし、少数ではあるが洞窟や岩陰に潜むシロワニやネムリブカのようなサメも存在する。ところが、2023年にオーストラリアの研究者が発見したのは、カイメンの水管内という微小な空間に棲むサンゴトラザメ属の一種、バンデッドサンドキャットシャーク（*Atelomycterus fasciatus*）である。私の知る限り、このような微小な空間に生息するサメの報告は

図5－1　パプアンエポーレットシャーク

本種が初めてであり、大きさ約1メートルのカイメンから大小合わせて57個体ものサメが出てきたというから驚きである。おそらく、サメの中で最も狭い空間に棲む種だ。

カイメンは複雑な構造をしており、本種のような小型のサメにとっては身を隠すのに最適な環境なのだろう。それでは、このサメはどのように採食を行うのだろうか。カイメンは発達した水溝系を持ち、その中で鞭毛運動によって水流を発生させる。このサメは、その水流を利用して呼吸するための新鮮な海水を得ることが可能であり、場合によっては水中にふくまれる微細な生物や有機物を捕食することができるのかもしれない。このようなカイメンの内部に棲む生活様式は、サメの新たな適応放散の一例といえるだろう。

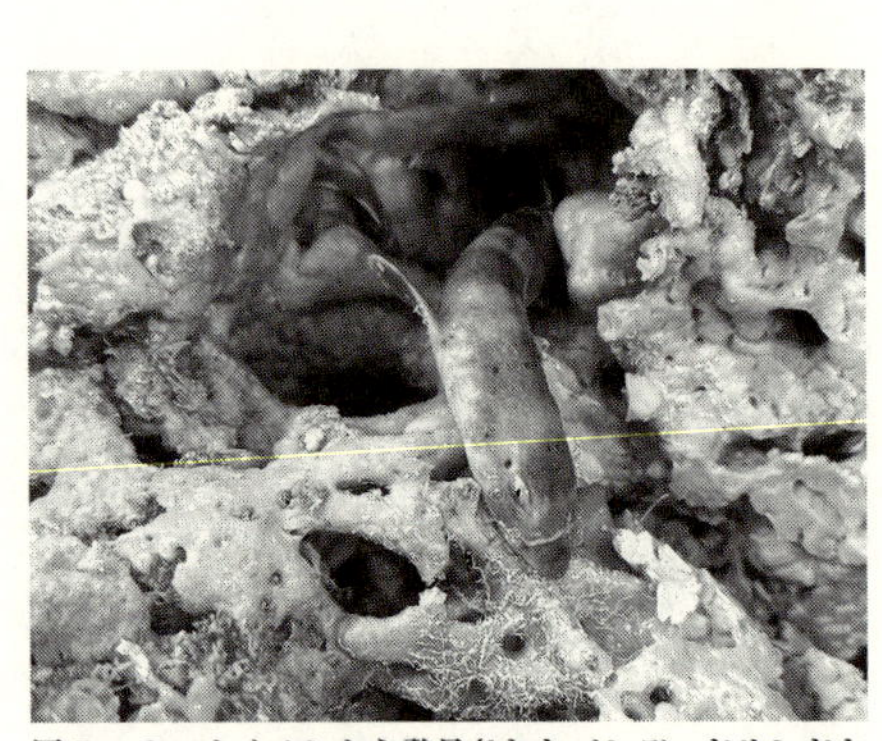

図5－2　カイメンから発見されたバンデッドサンドキャットシャーク　©CSIRO

サメは古いタイプの動物というイメージが強い一方、近年の調査でサンゴ礁の干潟やカイメンの水溝系の中など、新たな生息域への適応を遂げている一面もあることがわかる。

しかしながら、サメは遺伝子変異が起こりにくく、進化速度が非常に遅い動物であることを考えると、近年の地球温暖化にともなう急速な環境変化に適応するのは容易ではないだろう。干満差で生じた礁池(しょうち)の周辺で〝最大の捕食者〟として振るまえる時間も、ごくかぎられている可能性がある。サメを絶滅から救うためには、人為的要因による温暖化の抑制、サンゴ礁や干潟の生態系保全、さらには生息域外保全を試みることのいずれか、あるいは複数の対策を講じる必要がある。

サメのもつレジリエンス

一方、これまで4億年にわたる数々の危機を乗り越えてきたサメたちは、非常に高いレジリエンス、つまり、困難や危機に対してしなやかに受け止め回復する能力を持っている。サメは進化速度がきわめて遅く、環境変化への適応が困難な動物である一方、多くの種は環境変化が少ない深海に分布している。

また、高度な回遊性を持つ種は、自ら最適な環境へ移動することで、幾多の危機を乗り越えてきたと考えられる。その最たる例が、北極の海に棲息するニシオンデンザメだ。本種は脊椎動物の中で最長寿命を誇る「究極のスローライフ」を実現した動物である。彼らが長く生き延びてきた背景には、極域と深海域という安定した水温環境に加え、水生生物から鰭脚類に至るまで多様な餌生物を捕食できることが挙げられる。

さらに、究極の回遊性を持つジンベエザメについて考察してみたい。ジンベエザメは、多くの大型サメ類と同様に、国際自然保護連合のレッドリスト（絶滅危惧種ＥＮ）やワシントン条約の付属書IIに掲載されるなど、動物の保全活動において象徴的な動物だ。

いったい、野生下でどのくらいの個体数が存在するのか正確な数字は不明であるが、人間による漁獲や海洋ゴミなどの問題により、個体数が減少しているのは間違いない。特に、成熟までに25〜30年を要することは、絶滅が危惧される大きな要因の一つである。

その一方で、近年の研究では、ジンベエザメの高い適応能力が明らかになりつつある。２０１9年に公表された、東京大学大気海洋研究所（当時）のアレックス・ワイアット博士らと沖縄美ら海水族館との共同研究によれば、ジンベエザメは回遊経路によって捕食する餌を変えていることが示唆されている。つまり、彼らは特定の餌生物に依存せず、旅の途中で「その場所に豊富に存在する餌」を捕食しているのである。このような適応特性は、濾過採食を行うウバザメやメガマウスザメにも共通すると考えられる。

では、最強の海のハンターであるホホジロザメはどうだろうか？　一般的には、大型の海棲哺乳類を好み、豪快に食べるイメージがあるが、ホホジロザメは意外なほど多様な餌生物を食している。特に、大型のイカ類は彼らの重要なエネルギー源となっており、表層の水温が高い海域では比較的深い水深でも活発に摂餌していると考えられる。つまり、ホホジロザメは特定の餌生物に依存せず、多様な餌を利用できるため、餌資源の増減に左右されにくい生存戦略をとっている。

もちろん、サメの生存には餌だけでなく、水温などの物理的要因も大きな影響をあたえる。地球温暖化による海水温の上昇は、サメの分布にも影響をおよぼすことが考えられる。一部のテレビ番組などの解説では「温暖化によりサメが増える」「日本沿岸でサメ被害が増えている」といった単純な意見が語られることがある。しかし、これらはあまりに理解不足なコメントであり、公の場で主張されるとミスリードをまねく。

私がコメントするならば、「温暖化により多くのサメは一時的に生息場所を変えるが、長期的には生存が困難となる」が正しいのかもしれない。サメには種ごとに至適温度があり、単に「温暖化＝サメ増加」とは結論づけられない。

たとえば、ホホジロザメやアオザメ、ネズミザメなどの温血性のサメは、むしろ冷たい水域を好む。また、同じ種のサメでも体のサイズや性別によって至適水温が異なることが知られており、体が大きいほど高温への耐性が低い傾向にある。このことは、体内ロガーで測定したジンベエザメの体温データからも裏づけられる。つまり、海洋の環境が変化すれば、サメは自らが好む海域に一時的に移動して、一時しのぎをするはずだ。

地図上では平面的に見える海洋は、実際には非常に立体的で、その大部分は深海が占めている。大回遊を行う外洋性のサメの多くは、この立体的な海を効率的に利用し、最適な水温帯や餌生物を求めて鉛直方向にも頻繁に移動している。

このような遊泳力を持つサメたちは、短期的・地域的な環境変化や、長期的な気候変動にも柔軟に対応していると考えられる。さらに、深海性のサメたちは、深海という安定した環境でスローライフを送りながら、気候変化を回避して命をつないでいる。21世紀に入り、日本でも猛暑などの異常気象が頻発しているが、サメたちはこの危機に対しても、しなやかに適応し続けているにちがいない。

100年後のサメの世界

このように、長い年月にわたり地球上で生き抜いてきたサメたちは、はたして次の100年間をどう生き延びるのだろうか。この点については研究者ごとに見解が分かれるため、以下は私(佐藤)個人の推測であることを前もってお断りしておきたい。

サメは、一時的な環境変化に対しては高いレジリエンスを発揮し、適したすみかやかかわりになる餌生物を見つける能力を備えている。しかし、これも適応可能な許容できる範囲内に限られる。海洋環境の変化による生産性の低下や、人類による生物資源の枯渇は、特に高次捕食者であるサメにとって深刻な問題となりうる。

国立研究開発法人 水産研究・教育機構が発行する資料によれば、世界のサメ類の漁獲量は全体的に減少傾向にある。この減少には、資源量の減少に加え、漁獲規制が影響しているとされる。一方で、外洋性のメジロザメ類、特にヨシキリザメの漁獲量は１９９０年代以降急激に増加しており、これは外洋での延縄（はえなわ）漁が主な要因だ。ヨシキリザメは一度に１００匹以上の仔ザメを産む多産な種であり、メジロザメ類の中では比較的資源状態が良好とされている。

しかし、サメの資源管理には見えない落とし穴がある。多くの外洋性のサメは、インド洋まぐろ類委員会や大西洋まぐろ類保存国際委員会による漁獲規制、ワシントン条約による国際取引規制により、公式な漁獲量は減少しているように見える。しかし、マグロ延縄漁や巻き網漁での混獲から洋上で投棄されるケースが多く、これが統計データに反映されないことが問題だ。特にクロマグロと同じ水域に棲むヨゴレやオナガザメなどの外洋性種は、個体数が著しく減少していると考えられる。実際、研究者がこれらの種を見る機会も減少しており、「絶滅」という言葉が現実味を帯びつつある。

これまで、人類は世界の人口増加による需要を満たすため、あらゆる利用可能な資源を求めてきた。日本もかつては、世界中に船団を送り、大規模な漁業を展開していた。しかし、資源管理が不十分なままでは、途上国を中心とした水産資源の獲得競争が激化し、その結果、絶滅に瀕するサメ種が出てくる可能性が高い。持続可能な漁業が叫ばれて久しいが、本当の持続可能性を追求するのは、なかなか難しいのも現実だ。

この先100年という時間は、一人の人間にとってはとてつもなく長いが、サメの進化の歴史ではほんの一瞬にすぎない。しかし、その一瞬の間に起こる海洋環境の変化は、地球の歴史上、いかなる動物も経験したことのない劇的なものであることは間違いない。

特に、地球温暖化の問題は、人類が引き起こした最大の問題であり、すべての生物にとって大きな問題となる。なかでも、サメは至適水温を求めて回遊する種が多いことから、分布域を変えざるを得ない。新しい海域では、サメのレジリエンスを発揮して、新たな餌生物を捕食することは可能だ。

しかし、それは数年単位のその場しのぎで、長期的に餌生物が確保できる保証はまったくない。これをいいかえれば、サメを守ることは「海洋生態系を健全な状態に保ち、生態系の食物網を保全すること」、ひいては「地球全体を守ること」にほかならない。

もう一つの深刻な問題は、海洋ごみによる汚染だ。特に、比重が小さく海の表面を漂うプラスチックごみは、大型動物を捕食するサメや、濾過採食をするサメたちにとって大きな問題となる。じつは、サメは胃の中に入った異物を自ら吐き出すことができる。これも、サメが生まれ持ったレジリエンス能力なのかもしれないが、どうしても吐き出すことができない異物は消化管内で閉塞を引き起こす。私自身、プラスチックゴミによって消化管が閉塞し、衰弱死した大型ザメ、イルカ、ウミガメなど、数えきれないほど目撃してきた。さらに、海底に投棄された大型漁網によるゴーストフィッシング（幽霊漁業）は、見えない場所で動物たちを多数、長期間にわたり死に至らしめている。その責任はすべて人間にあり、それを解決できるのも人間自身だ。

いままさに起こりつつある地球上の生命の危機に際し、高度な思考能力をもつ私たち人類は、近視眼的な理由で争いを繰り返している場合だろうか。その反面、原始的で脳容積が小さいといわれているサメは、仲間同士で無意味に争うこともなく、私自身もサメの闘争なるものを目撃したことがない。サメがたどってきた進化の過程や生態には、人類が動物たちと共存し、しなやかに賢く適応していくための学びやヒントが隠されているはずだ。

おわりに

まず、本書を手に取っていただき、最後まで私たちにおつきあいくださった皆さまに、心より感謝申し上げたい。本書では、サメという生物の驚くべき生態や進化の謎、そして新発見に至るエピソードについて、二人の研究者が独自の視点で掘り下げてきた。映画やメディアの影響で、サメに対して「恐ろしい捕食者」という画一的なイメージを持つ方も多いことは承知のうえで、あえてそのイメージに迎合せず、サメの知られざる面白さを紹介すべく、型にはまらない本ができあがったと思っている。その結果、若干体系的な記述から逸脱してしまった感もあるが、いままでにない情報が盛りだくさんの書籍になったと自負している。

サメの進化の歴史は約4億年に及ぶ。これは、恐竜が出現し、絶滅した歴史よりもはるかに長いものだ。何を隠そう、サメは脊椎動物の歴史で最も古い時代に私たちの祖先と分かれ、独自の進化の道を選んだグループだ。その長い歴史の中で、サメは時間をかけて環境の変化に適応しながら、多様な生態や形態を獲得してきた。たとえば、ジンベエザメのようにプランクトンを食べるもの、イタチザメのようにスカベンジャー的な雑食性のもの、ミツクリザメのように顎を突出させて餌生物を捕食するもの、ニシオンデンザメのように超スローライフで数百年にわたる寿命を持つものなど、ここでは紹介しきれないほどだ。
本書では、サメの体の構造、生態、繁殖戦略、深海に生息する種の特殊な適応など、科学的研究に基づいた知見を紹介した。研究が進むにつれ、多様なサメがいかにして環境特性を持つ生態系の中で適応してきたのか、少しずつではあるが謎が明らかになってきた。これらの研究は、大学、海洋研究所、水族館など基礎研究の現場で得られた、長年にわたる貴重なデータによって支えられている。特に、私たちが勤務する沖縄美ら海水族館での調査は、サメの生態や生理を理解するうえで唯一無二の重要な知見を提供してくれている。私たちが日々行っている、地道で脚光を浴びることのない調査や研究が、いつしかサメの保全や持続的な海洋資源の利用に寄与することを願ってやまない。

近年、サメは乱獲や環境破壊によって多くの種が絶滅の危機に瀕しているといわれる。特に、大規模な外洋での漁獲や混獲の問題は深刻で、国際的な規制が求められている。しかし、ここで忘れてはならないのは、サメの保全や漁業に関する規制は、科学的根拠に基づくべきであり、感情論や単なるイメージだけで進められるべきではないということだ。生態系の一部としてサメが果たす役割を正しく理解し、彼らの生物学的特徴を上手に利用した対策を取ることこそが、真の意味で持続的な「サメの保全」につながる。過剰な規制が漁業者の生活を脅かしたり、逆に適切な規制がなされないことで特定の種が消滅したりすることがないよう、科学的な視点に基づいた冷静な議論と判断が求められている。

さて、ここで一つ憂慮すべき問題として、日本における科学技術力の低下が挙げられる。近年の理科離れの影響で、動物学や自然科学を専攻する大学院生の数が減少しつつある。このままでは、海洋生物や生態学に関する研究が先細りし、世界における日本の科学的プレゼンスが失われる恐れがある。だからこそ、私たちは若い人々に対して、好奇心と冒険心を大切にしてほしいと強く願っている。科学の世界は、知れば知るほど面白く、私たちが当たり前だと思っていることの裏側には、無限の謎が広がっている。サメの研究を入り口として、ぜひ多くの若者に科学の海へ漕ぎ出してもらいたい。

最後に、少し個人的な話をさせていただきたい。じつは、私たち二人の著者は、それぞれまったく異なる興味関心からサメの研究を始め、偶然にも水族館というフィールドで出会った。一人はサメの進化を古生物学の観点から研究し、もう一人は多様性に魅せられてサメの沼へはまった。それがいまでは、協力しながら日々新たな知見を積み重ね、サメという生物の奥深さを追い求める同士となった。このように、異なる視点を持つ人間が交わることで、新たな発見が生まれることも科学の醍醐味である。

本書を通じて、サメという動物や動物学への興味と関心を持っていただけたら幸いだ。私たちが強調したいのは、サメがあくまでも「入り口」であり、サメに興味を持つことをきっかけとして、より広い視野で科学全般に目を向けることが重要であるということだ。サメの研究を深めることは、海洋生態系の理解を深めることにつながり、それが結果的に私たち自身の未来を考えることにもなるのだ。

最後に、本書の執筆にあたり、多くの研究者や関係者の協力をいただいた。沖縄美ら海水族館、沖縄美ら島財団のスタッフ、フィールドワークでご一緒した漁業者の方々、そして日々サメの研究に携わるすべての皆さま、そして我々のわがままを許してくれている家族に対して、心から感謝を表したい。そして、ここまで本書を読んでくださった読者の皆さまに、改めてお礼を申し上げる。

著者を代表して　佐藤圭一
2025年2月

cryptic diversity of Late Jurassic batomorphs (Chondrichthyes, Elasmobranchii) from Europe. Papers in Palaeontology, 10, e1552.

Klug, S., Kriwet, J., Böttcher, R., Schweigert, G. and Dietl, G., 2009. Skeletal anatomy of the extinct shark *Paraorthacodus jurensis* (Chondrichthyes; Palaeospinacidae), with comments on synechodontiform and palaeospinacid monophyly. Zoological Journal of the Linnean Society, 157, pp.107-134.

Maisey J.G., 1982. The anatomy and interrelationships of Mesozoic hybodont sharks. American Museum Novitates, 2724, pp.1-48.

Böttcher, R., 2010. Description of the shark egg capsule *Palaeoxyris friessi* n. sp. from the Ladinian (Middle Triassic) of SW Germany and discussion of all known egg capsules from the Triassic of the Germanic Basin. Palaeodiversity, 3, pp.123-139.

Coates, M.I., Tietjen, K., Olsen, A.M. and Finarelli, J.A., 2019. High-performance suction feeding in an early elasmobranch. Science Advances, 5, eaax2742.

Kriwet, J., Witzmann, F., Klug, S. and Heidtke, U.H., 2008. First direct evidence of a vertebrate three-level trophic chain in the fossil record. Proceedings of the Royal Society B, 275, pp.181-186.

Lund, R., 1985. The Morphology of *Falcatus falcatus* (St. John and Worthen), a Mississippian stethacanthid chondrichthyan from the Bear Gulch Limestone of Montana. Journal of Vertebrate Paleontology, 5, pp.1-19.

Miller, R.F., Cloutier, R. and Turner, S., 2003. The oldest articulated chondrichthyan from the Early Devonian period. Nature, 425, pp.501-504.

Maisey, J.G., Miller, R., Pradel, A., Denton, J.S.S., Bronson, A. and Janvier, P., 2017. Pectoral morphology in *Doliodus*: Bridging the 'acanthodian'-chondrichthyan divide. American Museum Novitates, 3875, pp.1-15.

Tomita, T., 2015. Pectoral fin of the Paleozoic shark, *Cladoselache*: New reconstruction based on a near-complete specimen. Journal of Vertebrate Paleontology, 35, e973029.

第4章

Wourms, J.P., 1981. Viviparity: The maternal-fetal relationship in fishes. American Zoologist, 21, pp.473-515.

佐藤圭一. 2019.「交尾行動」. pp.282-283. In: 日本魚類学会(編),『魚類学の百科事典』. 丸善出版

Nakaya, K., White, W.T. and Ho, H.-C., 2020. Discovery of a new mode of oviparous reproduction in sharks and its evolutionary implications. Scientific Reports, 10, p.12280.

Castro, J.I., Sato, K. and Bodine, A.B., 2016. A novel mode of embryonic nutrition in the tiger shark, *Galeocerdo cuvier*. Marine Biology Research, 12, pp.200-205.

Cotton, C.F., Grubbs, R.D., Dyb, J.E., Fossen, I. and Musick, J.A., 2015. Reproduction and embryonic development in two species of squaliform sharks, *Centrophorus granulosus* and *Etmopterus princeps*: Evidence of matrotrophy?. Deep Sea Research Part II: Topical Studies in Oceanography, 115, pp.41-54.

Sato, K., Nakamura, M., Tomita, T., Toda, M., Miyamoto, K. and Nozu, R., 2016. How great white sharks nourish their embryos to a large size: Evidence of lipid histotrophy in lamnoid shark reproduction. Biology Open, 5, pp.1211-1215.

Musick, J.A. and Ellis, J.K., 2011. Reproductive Evolution of Chondrichthyans. In Reproductive Biology and Phylogeny of Chondrichthyes (pp. 45-79). CRC Press.

Tomita, T., Toda, M., Murakumo, K., Kaneko, A., Yano, N., Nakamura, M. and Sato, K., 2022. Five-month incubation of viviparous deep-water shark embryos in artificial uterine fluid. Frontiers in Marine Science, 9, 825354.

エピローグ

Sendell-Price, A.T., Tulenko, F.J., Pettersson, M., Kang, D., Montandon, M., Winkler, S., Kulb, K., Naylor, G.P., Phillippy, A., Fedrigo, O., Mountcastle, J.et a1., 2023. Low mutation rate in epaulette sharks is consistent with a slow rate of evolution in sharks. Nature Communications, 14, p.6628.

O'Neill, H.L., White, W.T., Pogonoski, J.J., Alvarez, B., Gomez, O. and Keesing, J.K., 2024. Sharks checking in to the sponge hotel: First internal use of sponges of the genus *Agelas* and family Irciniidae by banded sand catsharks *Atelomycterus fasciatus*. Journal of Fish Biology, 104, pp.304-309.

phylogeny: A mitochondrial estimate based on 595 species. Biology of sharks and their relatives, Section I -2, pp.31-56.

Duchatelet, L., Claes, J.M., Delroisse, J., Flammang, P. and Mallefet, J., 2021. Glow on sharks: State of the art on bioluminescence research. In Oceans (Vol. 2, No. 4, pp. 822-842). MDPI.

Nielsen, J., Hedeholm, R.B., Heinemeier, J., Bushnell, P.G., Christiansen, J.S., Olsen, J., Ramsey, C.B., Brill, R.W., Simon, M., Steffensen, K.F. and Steffensen, J.F., 2016. Eye lens radiocarbon reveals centuries of longevity in the Greenland shark (*Somniosus microcephalus*). Science, 353 pp.702-704.

Watanabe, Y.Y., Lydersen, C., Fisk, A.T. and Kovacs, K.M., 2012. The slowest fish: Swim speed and tail-beat frequency of Greenland sharks. Journal of Experimental Marine Biology and Ecology, 426, pp.5-11.

Guallart, J., García-Salinas, P., Ahuir-Baraja, A.E., Guimerans, M., Ellis, J.R. and Roche, M., 2015. Angular roughshark *Oxynotus centrina* (Squaliformes: Oxynotidae) in captivity feeding exclusively on elasmobranch eggs: An overlooked feeding niche or a matter of individual taste?. Journal of Fish Biology, 87, pp.1072-1079.

Tomita, T., Toda, M. and Murakumo, K., 2018. Stealth breathing of the angelshark. Zoology, 130, pp.1-5.

Joung, S.-J., Chen, C.-T., Clark, E., Uchida, S. and Huang, W.Y., 1996. The whale shark, *Rhincodon typus*, is a livebearer: 300 embryos found in one 'megamamma'supreme. Environmental Biology of Fishes, 46, pp.219-223.

Wyatt, A.S., Matsumoto, R., Chikaraishi, Y., Miyairi, Y., Yokoyama, Y., Sato, K., Ohkouchi, N. and Nagata, T., 2019. Enhancing insights into foraging specialization in the world's largest fish using a multi-tissue, multi-isotope approach. Ecological Monographs, 89, e01339.

De Carvalho, M.R., 1996. Higher-level elasmobranch phylogeny, basal squaleans, and paraphyly. Interrelationships of fishes, Chapter 3, pp.35-62.

第3章

Perez, V.J., Leder, R.M. and Badaut, T., 2021. Body length estimation of Neogene macrophagous lamniform sharks (*Carcharodon* and *Otodus*) derived from associated fossil dentitions. Palaeontologia Electronica, 24, a09.

Cappetta, H., 2012. Handbook of Paleoichthyology (Volume 3E), Verlag Dr. Friedrich Pfeil, 512 p.

Ehret, D.J., Macfadden, B.J., Jones, D.S., Devries, T.J., Foster, D.A. and Salas-Gismondi, R., 2012. Origin of the white shark *Carcharodon* (Lamniformes: Lamnidae) based on recalibration of the Upper Neogene Pisco Formation of Peru. Palaeontology, 55, pp.1139-1153.

McCormack, J., Griffiths, M.L., Kim, S.L. et al., 2022. Trophic position of *Otodus megalodon* and great white sharks through time revealed by zinc isotopes. Nature Communication 13, 2980.

Kriwet, J., 1999. Neoselachier (Pisces, Elasmobranchii) aus der Unterkreide (unteres Barremium) von Galve und Alcaine (Spanien, Provinz Teruel). Palaeo Ichthyologica, 9, pp.113-142.

Vullo, R., Villalobos-Segura, E., Amadori, M. et al., 2024. Exceptionally preserved shark fossils from Mexico elucidate the long-standing enigma of the Cretaceous elasmobranch *Ptychodus*. Proceedings of the Royal Society B, 291, 20240262.

Prokofiev, A.M. and Sychevskaya, E.K., 2018. Basking shark (Lamniformes: Cetorhinidae) from the Lower Oligocene of the Caucasus. Journal of Ichthyology, 58, pp.127-138.

Shimada, K., and Ward, D.J., 2016. The oldest fossil record of the megamouth shark from the late Eocene of Denmark and comments on the enigmatic megachasmid origin. Acta Palaeontologica Polonica, 61, pp.839-845.

Shimada, K. Popov, E.V., Siversson, M., Welton, B.J. and Long, D.J., 2015. A new clade of putative plankton-feeding sharks from the Upper Cretaceous of Russia and the United States. Journal of Vertebrate Paleontology, 35, e981335.

Vullo, R., Frey, E., Ifrim, C., González, M.A.G., Stinnesbeck, E.S. and Stinnesbeck, W., 2021. Manta-like planktivorous sharks in Late Cretaceous oceans. Science, 371, pp.1253-1256.

Riley, H., 1833. On a fossil in the Bristol Museum, and discovered in the Lias at Lyme Regis. London and Edinburgh Philosophical Magazine and Journal of Science, 3, p.369.

Türtscher, J., Jambura, P.L., Villalobos-Segura, E. et al., 2024. Rostral and body shape analyses reveal

Physiology Part A: Molecular & Integrative Physiology, 129, pp.695-726.

Tomita, T., Nakamura, M., Sato, K. et al., 2014. Onset of buccal pumping in catshark embryos: How breathing develops in the egg capsule. PLoS ONE, 9, e109504.

Brainerd, E.L. and Ferry-Graham, L.A., 2005. Mechanics of Respiratory Pumps. Fish Physiology, 23, pp.1-28.

Tomita, T., Toda, M., Miyamoto, K., Ueda, K. and Nakaya, K., 2018. Morphology of a hidden tube: Resin injection and CT scanning reveal the three-dimensional structure of the spiracle in the Japanese bullhead shark *Heterodontus japonicus* (Chondrichthyes; Heterodontiformes; Heterodontidae). The Anatomical Record, 301, pp.1336-1341.

Hart, N.S., Lamb, T.D., Patel, H.R. et al., 2020. Visual opsin diversity in sharks and rays. Molecular Biology and Evolution, 37, pp.811-827.

Hara, Y., Yamaguchi, K., Onimaru, K. et al., 2018. Shark genomes provide insights into elasmobranch evolution and the origin of vertebrates. Nature Ecology and Evolution, 2, pp.1761-1771.

Tomita, T., Murakumo, K., Miyamoto, K., Sato, K., Oka, S., Kamisako, H. and Toda, M., 2016. Eye retraction in the giant guitarfish, *Rhynchobatus djiddensis* (Elasmobranchii: Batoidea): A novel mechanism for eye protection in batoid fishes. Zoology, 119, pp.30-35.

Tomita, T., Murakumo, K., Komoto, S., Dove, A. Kino, M., Miyamoto, K. and Toda, M., 2020. Armored eyes of the whale shark. PLoS ONE, 15, e0235342.

Meredith, T.L. and Kajiura, S.M., 2010. Olfactory morphology and physiology of elasmobranchs. Journal of Experimental Biology, 213, pp.3449-3456.

Murray, R.W., 1962. The response of the ampullae of Lorenzini of elasmobranchs to electrical stimulation. Journal of Experimental Biology, 39, pp.119-128.

Bullock, T.H., Bodznick, D.A. and Northcutt, R.G., 1983. The phylogenetic distribution of electroreception: Evidence for convergent evolution of a primitive vertebrate sense modality. Brain Research Reviews, 6, pp.25-46.

Claes, J.M., Dean, M.N., Nilsson, D.-E. et al., 2013. A deepwater fish with 'lightsabers' : Dorsal spine-associated luminescence in a counterilluminating lanternshark. Scientific Reports, 3, 1308.

Claes, J.M. and Mallefet, J., 2010. The lantern shark's light switch: Turning shallow water crypsis into midwater camouflage. Biology Letters, 6, pp.685-687.

Mizuno, G., Yano, D., Paitio, J., Endo, H. and Oba, Y., 2021. *Etmopterus* lantern sharks use coelenterazine as the substrate for their luciferin-luciferase bioluminescence system. Biochemical and Biophysical Research Communications, 577, pp.139-145.

Tomita, T., Toda, M., Kaneko, A., Murakumo, K., Miyamoto, K. and Sato, K., 2023. Successful delivery of viviparous lantern shark from an artificial uterus and the self-production of lantern shark luciferin. PLoS ONE, 18, e0291224.

Duchatelet, L., Marion, R. and Mallefet, J., 2021. A third luminous shark family: Confirmation of luminescence ability for *Zameus squamulosus* (Squaliformes; Somniosidae). Photochemistry and Photobiology, 97, pp.739-744.

Claes, J.M., Delroisse, J., Grace, M.A. et al., 2020. Histological evidence for secretory bioluminescence from pectoral pockets of the American pocket shark (*Mollisquama mississippiensis*). Scientific Reports, 10, 18762.

Sparks, J.S., Schelly, R.C., Smith, W.L. et al., 2014. The covert world of fish biofluorescence: A phylogenetically widespread and phenotypically variable phenomenon. PLoS ONE, 9, e83259.

Park, H.B., Lam, Y.C., Gaffney, J.P. et al., 2019. Bright green biofluorescence in sharks derives from bromo-kynurenine metabolism, iScience, 19, pp.1291-1336.

第2章

Compagno, L.V.J., 2001. Sharks of the world: An annotated and illustrated catalogue of shark species known to date (Vol. 2). Food & Agriculture Organization.

Shirai, S., 1992. Squalean phylogeny: A new framework of "squaloid" sharks and related taxa. Hokkaido. University Press, 151 p.

Naylor, G.J., Caira, J.N., Jensen, K., Rosana, K.A., Straube, N. and Lakner, C., 2012. Elasmobranch

参考・引用文献

口絵

Gruber, D., Loew, E., Deheyn, D. et al., 2016. Biofluorescence in catsharks (Scyliorhinidae): fundamental description and relevance for elasmobranch visual ecology. Scientific Reports, 6, p.24751.

プロローグ

西村 三郎. 1992.『チャレンジャー号探検: 近代海洋学の幕開け』. 中央公論新社

Tschernezky, W., 1959. Age of *Carcharodon megalodon*? Nature, 184, pp.1331-1332.

Greenfield, T., 2023. Of megalodons and men: Reassessing the 'modern survival' of *Otodus megalodon*. Journal of Scientific Exploration, 37, pp.330-347.

佐々木忠義(編). 1978.『瑞洋丸に収容された未確認動物について』. 日仏海洋学会

第1章

Schwimmer, D.R., Stewart, J.D. and Williams, G.D., 1997. Scavenging by sharks of the genus *Squalicorax* in the Late Cretaceous of North America. Palaios, 12, pp.71-83.

Corn, K.A., Farina, S.C., Brash, J. and Summers A.P., 2016. Modelling tooth–prey interactions in sharks: The importance of dynamic testing. Royal Society Open Science, 3160141.

Nakaya, K., Tomita, T., Suda, K. et al., 2016. Slingshot feeding of the goblin shark *Mitsukurina owstoni* (Pisces: Lamniformes: Mitsukurinidae). Scientific Reports, 6, 27786.

Motta, P.J., Hueter, R.E., Tricas, T.C. and Summers, A.P., 1997. Feeding mechanism and functional morphology of the jaws of the lemon shark, *Negaprion brevirostris* (Chondrichthyes, Carcharhinidae). Journal of Experimental Biology, 200, pp.2765-2780.

Wilga, C.D., Motta, P.J. and Sanford, C.P., 2007. Evolution and ecology of feeding in elasmobranchs. Integrative and Comparative Biology, 47, pp.55-69.

Leigh, S.C., Summers, A.P., Hoffmann, S.L. and German, D.P., 2021. Shark spiral intestines may operate as Tesla valves. Proceedings of the Royal Society of London. Series B, 288, 20211359.

Tomita, T., Murakumo, K. and Matsumoto, R., 2023. Narrowing, twisting, and undulating: Complicated movement in shark spiral intestine inferred using ultrasound. Zoology, 157, 126077.

Tomita, T., Nakamura, M., Miyamoto, K. et al., 2021. Clasper pocket: Adaptation of a novel morphological feature by lamnoid sharks, which aids with tuna-like swimming. Zoomorphology, 140, pp.365-371.

田中一朗・永井實. 1996.『抵抗と推進の流体力学』. シップ・アンド・オーシャン財団

Baldridge, Jr., H.D., 1970. Sinking factors and average densities of Florida sharks as functions of liver buoyancy. Copeia, 1970(4), pp.744-754.

Wilga, C.D. and Lauder, G.V., 2000. Three-dimensional kinematics and wake structure of the pectoral fins during locomotion in leopard sharks *Triakis semifasciata*. Journal of Experimental Biology, 203, pp.2261-2278.

Nakaya, K., 1995. Hydrodynamic function of the head in the hammerhead sharks (Elasmobranchii: Sphyrnidae). Copeia, 1995(2), pp.330-336.

Tomita, T., Toda M., Murakumo, K., Miyamoto, K., Matsumoto R., Ueda, K. and Sato K., 2021. Volume of the whale shark and their mechanism of vertical feeding. Zoology, 147, 125932.

Scharold, J. and Gruber, S.H., 1991. Telemetered heart rate as a measure of metabolic rate in the lemon shark, *Negaprion brevirostris*. Copeia, 1991(4), pp.942-953.

Hirasaki, Y., Tomita, T., Yanagisawa, M., Ueda, K., Sato, K. and Okabe, M., 2018. Heart anatomy of *Rhincodon typus*: Three-dimensional X-ray computed tomography of plastinated specimens. The Anatomical Record, 301, pp.1801-1808.

Bernal, D., Dickson, K.A., Shadwick, R.E. and Graham, J.B., 2001. Review: Analysis of the evolutionary convergence for high performance swimming in lamnid sharks and tunas. Comparative Biochemistry and

人名

や行

ら行

ま行

な行

は行

た行

さ行

か行

索引

あ行

N.D.C.480　286p　18cm

ブルーバックス　B-2289

知られざるサメの世界
海の覇者、その生態と進化

2025年 3月20日　第 1 刷発行

著者　冨田武照
　　　佐藤圭一

発行者　篠木和久

発行所　株式会社講談社
〒112-8001　東京都文京区音羽2-12-21

電話　出版　03-5395-3524
　　　販売　03-5395-5817
　　　業務　03-5395-3615

印刷所　（本文印刷）株式会社新藤慶昌堂
　　　　（カバー表紙印刷）信毎書籍印刷株式会社

製本所　株式会社国宝社

定価はカバーに表示してあります。

ISBN978－4－06－539103－7

発刊のことば

科学をあなたのポケットに

二十世紀最大の特色は、それが科学時代であるということです。科学は日に日に進歩を続け、止まるところを知りません。ひと昔前の夢物語もどんどん現実化しており、今やわれわれの生活のすべてが、科学によってゆり動かされているといっても過言ではないでしょう。

そのような背景を考えれば、学者や学生はもちろん、産業人も、セールスマンも、ジャーナリストも、家庭の主婦も、みんなが科学を知らなければ、時代の流れに逆らうことになるでしょう。

ブルーバックス発刊の意義と必然性はそこにあります。このシリーズは、読む人に科学的に物を考える習慣と、科学的に物を見る目を養っていただくことを最大の目標にしています。そのためには、単に原理や法則の解説に終始するのではなくて、政治や経済など、社会科学や人文科学にも関連させて、広い視野から問題を追究していきます。科学はむずかしいという先入観を改める表現と構成、それも類書にないブルーバックスの特色であると信じます。

一九六三年九月

野間省一